指揮

命令の与え方・集団の動かし方

松村 劭

PHP文庫

○本表紙図柄＝ロゼッタ・ストーン（大英博物館蔵）
○本表紙デザイン＋紋章＝上田晃郷

はじめに

戦後六十年、日本では「戦闘」ということばを忘れていた。

戦争の研究の原点は戦術からはじまる。戦術とは、「戦場において戦闘に勝利する術」である。広義には術をくりだすノウハウとそれを実行する指揮統率をふくみ、狭義にはノウハウのみを指す。たとえていえば、戦術とは、相撲の四十八手のワザの使い方のことである。

ビジネスでいえば、営業マンが顧客と相対して説得する術である。営業マンの顧客に対する説得は、ツボ（目標）をねらい、十分な資料（戦闘力の集中）をぶつけ、話に引きこみ（主導性を発揮）、広い視野に立って縦横に駆け引きし（機動性）、顧客の弱点をついて顧客を驚嘆（奇襲）させ、簡潔・明瞭（簡明）に説明して、ムダなく迅速に（経済的）、注文をえる（勝利）ことにほかならない。

このさい、会社の指揮が統一され、営業マンの価格、納入、製品仕様の決定についての権限と責任を明確（指揮の統一）にして、社秘の漏洩《ろうえい》について十分注意（警戒）する必要がある。（　）の中のことばは、戦術でつかわれる用語だ。その内容については、本書内でくわしく説明している。

似たことばだが、戦術と戦略は、意味することがちがう。戦略とは、「戦闘部隊が有利な条件で戦場にのぞめるように全体を構成する策略であり、戦闘における勝利を最大限に利用すること」である。

ビジネスにたとえれば、すぐれた宣伝、顧客の人脈の掌握、売れすじ製品のラインアップ、営業マンと顧客の接触の時期・場所の設定、適切な営業経費の提供などによって営業マンが効果的に顧客を説得できる条件をととのえる策略であり、営業マンがえた注文の成果を最大限に利用して、競合企業のシェアをうばい、将来の利益率を高める策略である。

つまり、戦略は戦争の勝利のために一連の戦闘を効率的にアレンジするが、戦闘に敗北すればどんなにすぐれた戦略も、元も子もなくなる。戦闘に勝利する術は「戦術」なのだ。

それでは、現在の日本において、戦術を知ることが、なんの役にたつのか。なぜ、筆者は、戦術を語ろうとするのか。

それは、特殊な知識と考えられがちな、戦術というものが、じつは人間社会やビジネスの世界において、かなり有効な要素をふくんでいると、確信できるからである。

人間の決断は、平和な時代においては、きわめて感情的、意志的なものによって決定されることが多い。合理的な思考は、感情的・意志的な決断を正当化するために、そえられているにすぎない。

つまり、平和時の人間社会は〝善意〟〝妥協〟〝安全〟〝話し合い〟〝契約〟〝協力〟〝競争〟〝休息〟などが、主として支配している社会である。その場合の決断の物差しは、命が惜しい、お金がほしい、地位をえたい、有名になりたい、権力をにぎりたい、といったものだ。

戦術がとりあつかう世界は、戦場における人間社会である。そこは、〝死の恐怖〟〝錯誤〟〝妄想〟〝苦痛〟〝孤独〟〝静寂〟〝疲労〟〝睡眠不足〟〝疑惑〟〝不信〟〝劣等感〟などが、人間を支配している。ここでの決断の物差しは、「勝利」と「生き残り」以外にない。そして、そこでは、指導力、相対的正義、愛、名誉、誇り、独立、自由、信条などが人間の行動原理となる。

しかし、これらの行動原理は、けっして戦いの場だけのものではない。人間は、平和なときにおいてすら、好むとも、好まざるとも、愛、名誉、誇りといったものを行動原理に、〝勝つ〟ことを目的として生きているからだ。

●目標はどう立てればいいのか？
●状況の変化にどう対処すべきか？

●コンピュータ情報をどう読むのか?
●上からの命令はどこまで有効なのか?
このような、人間の日常生活やビジネスに必要な要素は、本書が語る「戦術」に、すべてつまっているのだ。

戦術には、ふたつの領域がある。第一は、「計画戦術」だ。戦う前に合理的な策をととのえ、戦闘がはじまると、計画どおり実行するものだ。

たとえば、力士が土俵において、仕切るまでに、せめ手を頭のなかで考えておいて、軍配がかえって立ち上がったら、その手を実行するのとおなじである。

第二は、「動きのなかの戦術」である。これは、最初の計画を主導的に変更するもので、そのとき、そのときの状況の変化におうじて、戦術をかえていくことを意味する。

じつは、戦術の極意は、ほとんど「動きのなかの戦術」にある。その典型は奇襲と弱点打撃である。後述する、戦闘におけるもっとも有効な手段〝味方の分散―敵の分散―味方の集中〟も、「動きのなかの戦術」において可能になる。

なんであれ、戦えば、結果が出る。その結果が、好ましいものかどうかを判断するには、ふたつの指標がある。ひとつは命ぜられたこと、すなわち、「任務を達成したか、どうか」であり、達成できればよしとする。

もうひとつの考え方は「勝ったか、負けたか」であり、当然、勝った場合のみ評価される。

このふたつの結果には、そう大きな差はないようにみえる。しかし、任務を達成したが、敗北した戦史も、任務を達成しなかったが、戦闘に勝利した戦史も多い。単純にわりきれる問題ではないのだ。これは、ビジネスの世界でも同様だろう。

さらに「勝つ」ことを定義づければ、「こちらがうける損害率より、高い損害率を敵にあたえること」となる。

戦いは、ただ一度で終わるものではない。数多くの戦いのくりかえしだ。ひとつの戦いにおいて、敵に大きな損害率をあたえれば、つぎの戦いにおける勝利の確率は、きわめて高くなる。たとえ任務を達成しても、敵より大きい損害をうければ、まるで意味がない。

だから、戦いをみるときは、

●戦いが展開する速度は？
●勝ったのか？
●任務を達成したのか？

の三つが基本的な視点になる。

すぐれた軍人ほど戦争をきらう。なぜなら「部隊」という〝財産〟を消費するからであり、恐怖が、敵や、戦場の人々の命をうばうからである。

たしかに戦いに勝つためには、敵を撃破しなければならない。しかし、敵を撃破するにあたって、敵兵の生命を奪うことが唯一の方法ではない。むしろ、それは、避けるべきことだ。最良の方法は、敵の計画を崩壊させることである。名将はこのことをつねに頭におき、戦術の知恵をしぼるのだ。

本書は、戦術という専門知識を、よりわかりやすく説明することに重点をおいた。そのため、質問形式をとることにより、展開している部分が多い。説明を読み、問題を考えていくことによって、より深く、戦術の知識、冷静にものごとをとらえ、判断するテクニックが身につくはずだ。

また、この問題だけをとっても、パソコンなどのシミュレーション・ゲームのファンには、今までにない、本当の戦術の知識を知っていただけるはずだ。「人間の精神的戦闘力」について言及したのは、おそらく、本書が世界で初めてであろう。

くりかえしになるが、今まで、戦術・戦闘というものにまるで興味のなかった人にも、非常に役にたつ示唆を、本書はたくさんふくんでいるはずだ。

本書を、読者は、日常生活にどう生かしてくださるのか？　本書が、いまの日本人にどうとらえられるのか？　筆者は、その結果を、一日も早く知りたいと考えている。

戦術と指揮　目次

一〇〇%の情報は存在しない
情報収集以外にすることはある
コンピュータ情報は有効か?
アマチュアをすぐに実戦に送りだすテクニック

コラム『想像力と着想』

第4章『Simulation 1 中川盆地における戦闘』
～問題解決の思考順序を学べ……163

X軍第一歩兵師団の全般状況
Q1 X軍師団長は最初に何をきめたか?
Q2 戦術的に意義の高い地形を選定し、丸をつけよ
Q3 敵は、なにが自軍にとって有利だと考えるか? その場合の弱点は?
Q4 各案の利点と欠点は? どの案を採用するか?

Q3　捕虜輸送に適した装甲車の位置は？
Q4　脱走者への対応
Q5　どの敵を最初に射撃するか？
Q6　地雷を設置する最良の場所は？
Q7　敵の偵察隊とどう接するのか？
Q8　結城軍曹の偵察要領と、その理由
Q9　今夜、どう生き残るのか？
Q10　命をともにした装甲車を捨てるのか？
Q11　部下の窮地に指揮官はどう動くか？
Q12　最後まで戦うつもりの仲間をどうするのか？
Q13　包囲からの脱出
Q14　不時着ヘリにどうやって接近するか？
Q15　敵の存在を味方に知らせる

第1章

戦いに勝つための9の原則

▼本書で語る戦術とは、他人との意見のくいちがい、ライバルとの関係、ビジネスの競合相手など、日常生活で出合う多くの出来事に応用がきく。この章では、戦術を考えるうえでの基本的な要素について、くわしく説明する。

紀元前からつみかさなった戦いの知恵

戦いは人間の活動において、もっともはげしい知、情、意、技術の活動である。そして勝敗の要因はきわめて複雑だ。また、机上の戦術（畳の上での水泳の練習）と、戦場における戦術（濁流における水泳）の間には、大きなちがいがある。それは戦場における無限の〃摩擦〃によっておこる。

だから、机上（文章）で、戦術を紹介することはむずかしい。とはいえ、有史以来、今日までの戦争の歴史を通じて、数世代にわたり、人間がおこなってきた戦いの一般的な傾向が研究され、そこから「戦いの原則」がみちびきだされている。

〃夏草や兵《つわもの》どもがゆめの跡〃からしぼり出された「戦いの原則」は、つぎの九つである。この戦いの原則を歴史上、最初にまとめた将軍は、第一次世界大戦時の英国のフラー少将であった。今日、列国は、おおむねこの原則を採用している。

この原則は、戦争だけのものではない。およそ、人間社会のさまざまな局面において、通用する原則である。戦いにおける決断をみがくためには、最初にこの原則を理解しなければならない。

①「目標の原則」

とにかく、戦いでは、はじめから終わりまで、目標を見うしなわせるようなできごとが、いつも発生する。個人的な欲望、上司の介入、部下の苦痛などである。「今しようとしていることの目標はなにか？」をつねに見つめることが、戦術でもっとも大事なことだ。

②「統一の原則」

アメリカでは、政府が軍事力を行使して遂行しなければならないことを決定する。そのために、まず、問題を見つめ、明確に軍の任務を告げる。そして一人の軍人を選定し、かれにどのくらい戦力が必要かを相談する。それから、こういうのだ。

「承知した。これはお前の仕事だ！」

戦いにおいては、一人の指揮官に指揮をまかせなければならない。知恵半分の二人が協力してひとつの仕事をすれば、一人分の知恵が出ると思うのはまちがいである。そうすると、知恵は四分の一になる。衆知は足し算でなく、掛け算なのだ。

戦いでは、「三人寄れば、文殊の知恵」は役立たないことを自覚せよ。

③「主導の原則」

「ボールはラグビー場の中央付近にあって、ルーズな状態で蹴りあってころがっている。意志ある者はだれでもボールをひろって走ることができる。さぁボールを奪え！　君の走るところに相手チームがついてくる」（マーシャル元帥）

このことばは、主導権をにぎることの大切さをあらわしている。

主導とは先動（先に動くこと）・先制（機先を制すること）によってのみえられる。そして、一度、主導権をにぎったら、絶対に離してはいけない。主導権を持てば、戦力を節約することも可能だ。

状況の変化によって、法令・上司の計画が不適切と判断した部下は、部下であることをやめ、上司の立場になって行動してよい。状況にあわない規則や命令にもとづいて行動することは、最高指揮官であれ、一兵士であれ、愚かである。

攻勢は、作戦において、最高の結果を期待できる最良のものだ。主導権をにぎるために、必要不可欠だといえる。

④「集中の原則」

戦いにおいては、自分よりも敵が全体の戦力で優勢である場合がある。そんなときも、あきらめてはいけない。敵の弱点（の部分・場所）に対して、自分の戦闘力が、敵よりも勝るように戦力を集中して打撃せよ。そして、その部分での戦闘力の優勢を、最後まで維持するように、戦力の集中を継続させればよい。

戦いは短期間では終わらない。だから戦いの間は、できるかぎり、軍を長く分散させておく必要がある。そして、決定的チャンスと場所に軍（力）を集中させればよい。そうすれば、敵より戦力がおとっていても、チャンスはある。

敵の弱点に対し戦闘力を集中できる最初のチャンスは、敵が分散することだ。分散すれば、当然、守りのうすい部分がでてくる。

この、敵の分散は、自分のほうが分散することによって生ずる。つまり「我が軍の分散―敵の分散―我が軍の集中」は一連の動きなのだ。作戦成功に大事なのは、集中速度だといえる。

しばしば愚者は、敵の要点（強点）を攻撃したがる。

⑤「奇襲の原則」

大部分の敵は愚かではない。攻撃に先立ち、敵は、こちらの集中計画を察知しようとするので、ねらった場所と時機に敵より優位でいることは、非常にむずかしい。奇襲の要素がなければ、重要な場面での勝利はない。いいかえれば、すべての作戦計画には、奇襲の要素が必要である。

奇襲は、きびしい条件と実行の困難性をクリアしなければならない。こちらが動くことによって敵がバランスを失い、こちらの脅威によって、反応を強制されたときに、奇襲のチャンスは生まれる。奇襲成功の条件は、予期されないことと、対応のヒマをあたえないことである。しかし、奇襲の成功は判断というよりも、大部分は幸運に依存する。

すなわち、奇襲は「動き」のなかから、戦機の女神が持ってくるのだ。走っている戦機の女神は、後頭部がハゲている。女神をつかまえようとすれば、前髪をにぎるしかない。

したがって、奇襲が可能なチャンスを的確にとらえ、敵が態勢をたてなおす前に、絶えず、新しい奇襲をおこなっていくとよい。その方法は、秘匿と速度である。

⑥「機動の原則」

戦闘は敵の消滅と機動（軍隊の移動や運動）によっておこなわれる。すぐれた将軍は機動によって勝利し、おとった将軍は破壊・敵の消滅によって勝利する。

すなわち、機動とは、速度と策略によって敵を窮地におとしいれ、敵指揮官の精神のバランスを破壊することなのだ。

今週の一個大隊は、一ヵ月後に到着するより大きな部隊、一個師団より有効である。〝速い〟ということは、とても大事なことなのだ。

機動速度は〝部隊の機動速度〟と〝精神の機動速度〟によって成り立つ。つまり「頭の回転を速くせよ」ということだ。

戦史における失敗の原因は、ほとんどすべての場合、ひとことでいえる。それは「遅すぎた（too late）」である。

⑦「経済の原則」

戦闘の間、戦力を遊ばせておく余裕は、どこにもない。戦闘時に、なにもしないでいる部隊は、制圧されているのとおなじである。

予備は、遊兵ではない。コップに水を満たし、最後に一滴たらすと、水は一挙に流れ出す。この一滴の仕事が、予備の役割である。適切な予備を準備することは、戦力のすぐれた経済的運用である。

⑧「簡明の原則」

戦いの術は、美しく簡明である。なかでも簡明であることが、もっともよい。

簡明であるためには、
●目的・目標が明快であること。
●作戦方針のコンセプトが奇抜・大胆・明快・新鮮であること。
これだけでよい。簡明の原則は、内容も簡明である。

⑨「警戒の原則」

油断大敵ということだ。奇襲された将兵は、万死に値する。

本来、眠っている敵を攻撃することを自慢する軍人はいない。自慢するのは恥である。恥じるべきは、眠っているときに打撃された相手である。それが戦いなのだ。

たとえどんなに有利な状況であろうとも、警戒をおこたるものは、かならず足もとをすくわれる。


歴史に巨跡を残した英雄たちは、「戦いの原則」にしたがって行動した。どんな戦いであれ、勝つための根本はここにあるのだ。

かれらの行動がいかに剛胆なものであれ、成果がいかに壮大なものであれ、歴史上の大事件であれ、それは、戦いの九原則を適用したにすぎない。

軍事を研究する人々は、しばしば軍事史のなかの細部を学ぼうとしない。戦いは、指揮統制、情報力、機動力、火力、防護力、兵站《へいたん》支援力の性能・特性などの進歩によって、いつも変化しているので、装備・手段が現在と異なる過去の戦闘の歴史を、軽視しがちなのだ。

しかし、戦いの原則は、時代の進歩にかかわらず不変である。戦場においても、ビジネスにおいても、現在、目の前にある、なまなましい戦いがすべてではない。ほこりにまみれてうまっている、過去の戦いの研究をおこない、そこから学ぶ努力を、けっして忘れてはいけない。

マルチメディアでも、情報網でも、現在の装備の運用に血道をあげて（ただし、まったく知らないのは愚かである）、戦いの原則の適用について深い造詣《ぞうけい》も、学ぶ意志ももたないものはけっして勝つことはできない。

戦いの基本となる四つの部隊

ここからの説明は、いわば、戦術における、将棋の駒の特性と、その動かし方になる。後章で説明する、集団の動かし方、命令の下し方をスムーズに理解するために、読んでいただきたい。

戦闘はゲームのように定められた、ルールと駒によっておこなわれるわけではなく、戦闘の環境もまた一定ではない。戦闘部隊の能力は、かぎりなく向上するし、戦術はとどまることなく発展し、戦場は無限に変化する。

高度に発達した数々の現代の兵器をみていると、戦闘はかぎりなく複雑にみえる。しかし、歴史的にみれば、戦闘部隊は四つに区分できる。

「前衛部隊」：敵を発見し拘束する。相撲における〝前さばきとさし手争い〟、柔道における〝造り〟の仕事だ。これがうまくいくと、主力の仕事がスムーズになる。

「火力部隊」：相手が戦闘能力を十分発揮できないように混乱させ、制圧する。

「機動部隊」：相手が無力状態か、混乱した状態になった機会に乗じて相手にすばやく接近し、敵指揮官と部隊の、精神的バランスを崩壊させる。機動部隊は大別して「歩兵」と「騎兵（戦車）」に区分できる。「歩兵」は地域を占領確保し、維持することができる唯一の部隊である。「騎兵（戦車）」は、衝撃によって敵を撃破できる唯一の部隊である。しかし、地域を占領確保することは、ほとんど不可能であると認識すべきである。

「兵站部隊」：前衛・火力・機動部隊に弾薬・燃料・糧食・兵員を補給する部隊。

最後には、すべての部隊が渾身の力で敵を攻撃する。ビジネスでいえば、前衛部隊はマーケット調査部隊、火力部隊は宣伝部隊、機動部隊はセールスマン、兵站部隊は資金、製品提供部隊といえるだろう。

つぎに部隊を〝仕事〟の面からまとめると、

「発見」：前衛部隊
「拘束」：前衛＋火力部隊
「制圧」：火力部隊
「機動」：機動部隊
「打撃」：機動部隊＋火力部隊＋前衛部隊

となる。どれも、戦うためには、必要不可欠である。

戦闘力には種類がある

「兵科」とは、昔でいえば、「騎兵」とか、「歩兵」とか、「弓兵」というように、戦闘力の種類を専門別に区分したものである。会社組織でいうところの〝部署〟であ

る。今日では、

「機甲」：戦車部隊に代表される兵科。昔の騎兵に相当する。

「歩兵」：究極的には格闘戦闘（今日では、小銃による戦闘）によって代表される兵科。

「砲兵」：大砲、ミサイルにより戦闘することによって代表される兵科。

「工兵」：戦闘工兵と建設工兵に区分される。戦闘工兵は、戦闘間に、敵の設置した障害を排除したり、戦闘間に、敵前に橋をかけたり、河を渡る舟艇を運航したりする兵科。建設工兵は、戦場の後方で、効果的に軍事資源を利用できるように、土木・建築をおこなう兵科である。

「通信」：野外において通信網を構成し、維持し、運営する兵科。電子戦も担当する。

「輸送」：人・物の輸送を専門とする兵科。

「航空」：空軍に属さない陸軍航空機・ヘリコプターの運用を専門とする兵科。

「武器」：主要な武器、弾薬を補給し、整備を専門にする兵科。

「補給」：燃料、糧食などの消耗品の補給を専門とする兵科。

「化学」：核兵器・細菌兵器・毒ガス兵器に対する専門的な防護をおこなう兵科。

「衛生」：戦場およびその後方地域で、予防、救急、治療などをおこなう兵科。

「会計」：給与の支給、物資の調達における資金管理などをおこなう兵科。
「憲兵」：軍隊における警察の兵科。

などがある。

部隊の大きさのきめ方

軍隊の編制は通常、兵科と部隊の大きさの組み合わせである。部隊の大きさについては、いろいろなケースによって、編制の基本となる部隊がきめられることになる。

ローマ軍は当初（BC二三〇年ころ）、「中隊」を基本とした。今日、世界中の軍隊は、ある一定期間、自活できるように編制されている部隊を中隊としている。このように自給自足できるように編制された部隊を「管理自営部隊」とよぶ。

中隊の兵力は一般に、一〇〇名前後である。自活できるということは、戦闘する部隊だけではなく、燃料、弾薬、糧食を補給し、整備する機能を保有している部隊という意味だ。

中隊の下は「小隊」である。軍隊の将校が指揮する最小の単位となる部隊である。欧米では、小隊長はリーダーとよばれる。コマンダーとはよんでもらえない。

▼コラム『戦術の誕生』

ＢＣ六〇〇年以降は伝説の戦史の時代とちがい、記録をたどることができる。主要な軍事的傾向も、かなりはっきりとみることができる。ＢＣ四〇〇年までに、今日の軍事上の諸問題はすでに姿をあらわしたといえよう。

地中海とペルシャでは、軍律と訓練の重要性が認識され、ドクトリンとしての歩兵の戦闘陣形が開発された。しかし、戦術機動の重要性はさほど認識されていなかった。

地中海とペルシャでは、戦闘陣形は歩兵が一〇～三〇列の横隊に展開し、両翼に戦車（チャリオット）または騎兵が配置についた。投石兵と弓射兵が前方に展開し、主力が敵に対し数百ｍに接近するまで、遮煙幕（しゃえんまく）投石と弓による掩護行動）を構成した。

戦闘陣形のバリエーションは多くなく、騎兵やチャリオットが翼側から中央に配置されることがある程度であった。

各兵士の間隔は一ｍ以下であったので、一人の戦士の中心線から隣の戦士の中心線までの距離はせいぜい一・六～二・〇ｍであった。前後の間隔は約一ｍであったから、一〇〇〇名の戦士が二〇列の横隊に展開した場合の正面及び縦深は八〇～一〇〇ｍ×三〇ｍであった。

一万の歩兵が展開しても総指揮官は眼下に敵も味方も視野のなかにあった。つまり、敵情の把握は一〇〇％に近かった。

周（ＢＣ七七〇年～二五六年）が定めた軍制では、一軍は約一万二五〇〇（約一個師団相当）であって、建前上、「周（本家）」が六個軍を、分家の諸公「秦」「晋」「斉」「楚」はそれぞれ三個軍を、その他の小諸侯は二個軍以下を保持するとされていた。

この中の斉の管仲が定めた軍制では、五家を一軌、一〇軌を一里、四里を一連、一〇連を一郷、五郷を一軍とした。一家が兵士一名を出すので、一軌は五人で「伍」と称し、一里は五〇人、一連は二〇〇人、一郷は二〇〇〇人で「旅」と称した。したがって、一軍は五旅で兵力約一万であった。

ＢＣ五世紀においても兵站は重要な問題であった。たとえば、巨大な陸軍国であったペルシャでは、長大な背後連絡線（43ページ参照）に対する陸海からの妨害に悩まされ、その防護に多くの兵力をさいた。

一方、ギリシャでは、自給自足ができる都市国家はなく、多くの物資を遠方の地域に依存していたので、トリリムのような軍船をふくめ、高級な武器と精強な陸海軍を維持するには経済的負担が非常に大きく、多量の財宝を消費した。当時のアテネの記録によれば、「戦争ほどもうからない事業はない」と記されている。

特筆すべきことは戦争や戦略・戦術に関する真剣な研究がなされたことであり、ギリシャでは、ヘロドトスとツキジデスの二人の歴史家が主として戦史を書き残し、中国では、「孫子」がＢＣ五〇〇年ごろに書かれた。孫子は呉に仕えた孫武の作か、斉の孫臏の作かわからなかったが、一九七二年に『孫臏兵法』とともに両書の竹簡が発見され、世に伝えられている『孫子』は孫武の作であることが確認された。

小隊の下の部隊は「分隊」である。〝鬼軍曹〟として映画の主役をつとめる人たちが、指揮官である。兵力は歩兵の場合、約九名である。

中隊の上位の部隊は「大隊」である。ローマ軍はBC五〇年ころ、それまでの中隊から、大隊を戦術の基本単位とした。大隊は、一般には戦闘部隊のみで、自給自足できるように編制された管理自営部隊ではない。身軽な部隊であるが、上級部隊から補給・整備の支援をうけないかぎり、独立的な作戦は困難である。

大隊の上位部隊は「連隊」である。連隊は、一般に管理自営部隊として編制されている。そして連隊は通常、一種類の兵科の最大編制部隊である。

連隊の上位部隊は「師団」である。師団は各種の兵科を、すべて保有する総合的な編制部隊であり、軍隊が固定的に編制している最大の部隊である。当然、管理自営部隊である。

ラグビーでたとえてみれば、一五名のチーム（師団）は、フォワード（歩兵）、バックス（戦車）、フルバック（砲兵）と区分けできる。フォワードの一列目、二列目、三列目を各大隊と考えれば、フォワード全体が「連隊」に相当する。

戦術は、このようにすべての兵科の部隊を保有して、はじめて考えることができるので、戦術を研究するときは通常、師団を研究の対象としてとりあつかう。

列国の師団の大きさは、通常、一万五〇〇〇名から二万名くらいの兵力になる。

作戦の地域がせまく、師団を運用するには兵力が大きすぎる場合には、連隊に各種兵科の部隊を配属して、臨時に、必要な兵科が集まった部隊を編成することがある。いわばミニチュア師団である。このような部隊を「戦闘団」または「旅団」とよぶ。兵力は四〇〇〇～五〇〇〇名である。

師団の上位部隊は「軍団」とよぶ。通常、二～四個師団をもって編成し、特別に大きい砲兵連隊や、航空部隊などを配属させて構成する。管理自営部隊であることはすくない。

軍団の上位部隊は「軍」である。二～四個軍団をもって編成される。軍は管理自営部隊であることが多い。

軍の上位部隊は「軍集団」であり、軍集団の上位部隊は「集団軍」であり、その上位部隊は「戦域軍」となる。

旧国鉄とくらべて、説明してみよう。東京の山手線の規模が「師団」、より広い都心の電車の規模が「軍団」、同様に、首都圏が「軍」、関東が「軍集団」、本州全土が「集団軍」、日本全土が「戦域軍」である。

将棋の駒に相当する部隊記号

師団級の戦術を考えるときに、将棋でいえば「駒」に相当する〝戦術単位部隊〟

は、「大隊」となる。戦闘団級の戦術を考えるときに、ひとつの駒になるのは中隊である。自分より小さい組織が「駒」となるのだ。ここでは、師団級の戦術を想定してみる。つまり、戦術単位部隊を大隊として考察するのだ。

その場合、記号によって部隊を示す方法がある。これは、おおむね万国共通である。将棋であれば、「王将」を「王」、「飛車」を「飛」と棋譜などであらわすのと同じである。次ページの図からくわしく説明する。

基本となる師団の大きさ

戦術は前述した、師団をつかって考えるのが一般的である。そこで、ビザンチン陸軍の兵力比率をまねて、師団のひとつのモデルを描いてみよう。

▼「前衛」　三個偵察大隊〔一個連隊に編制〕

▼「機動」　歩兵　九個大隊（六個大隊第一線、三個大隊第二線）
（装甲車化／自動車化）　〔三個連隊に編制〕
迫撃砲は各大隊内に組込
戦車　四個大隊（両翼に各二個大隊）
〔一個連隊に編制〕

▶部隊記号

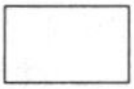 は部隊の存在を示す。  は部隊の存在の予定を示す。

○四角の枠のなかの記号は兵科を示す。また、四角の枠の上部のマークは、部隊の大きさを示す（注／・が分隊、I が中隊、×は旅団）。

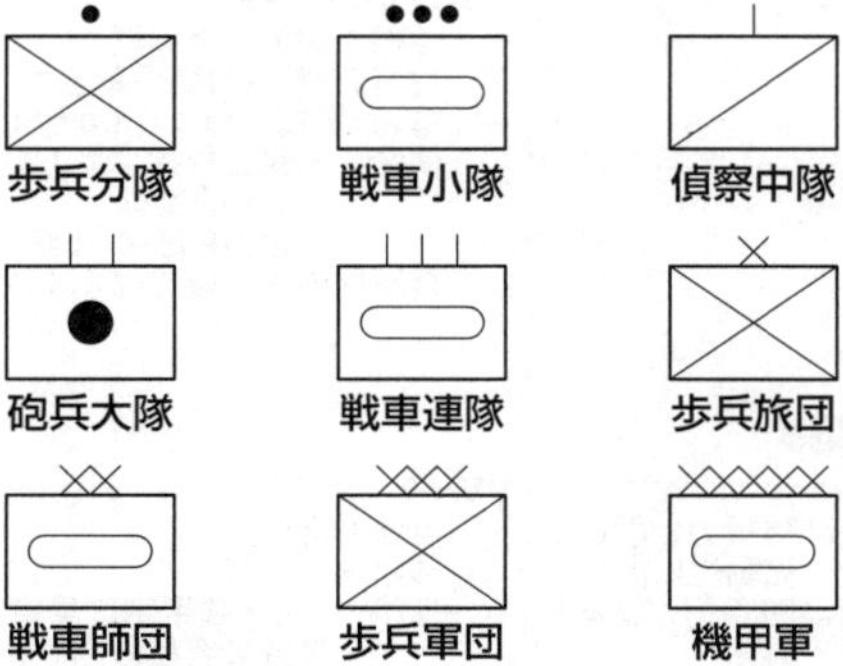

○枠の右側の文字・数字は部隊名をあらわす。

○枠の下側は、とくに装備を示す必要がある場合であり、符号をもって注記する（注／Hは榴弾砲、SPは自走の意味）。

自走155ミリ榴弾砲装備の砲兵大隊

▶現代の装備と過去の装備

さきに戦いの原則で説明したように、戦術において、現代の装備ばかりを研究する必要はない。古代・中世におけるシンプルな編制装備をつかって考えても、なんの問題もない。ここでは、その典型的なものを紹介する。左側が過去の装備、右側が現代の装備である。

1．前衛部隊

軽騎兵……………………偵察警戒部隊

性格：戦力経済戦闘
主情報・警戒目標：敵主力
情報・警戒距離：0mから5000m
使命：・地上接触により連続的に情報資料を獲得
　　　・主力を警戒・援護
接敵前の最大機動速度：主力の3倍

2．機動部隊

歩兵………………………歩兵

軽歩兵：防護力は弱いが、機動性に富む
重歩兵：防護力があるが、鈍重

自動車化歩兵
装甲車化歩兵
性格：たとえ装甲車に乗車していても、戦闘の究極段階では徒歩戦闘
主敵：敵歩兵

責任交戦距離：0mから500m。この距離内では敵戦車・装甲車も撃破
使命：土地の占領
戦闘間の最大の平均機動速度：
装甲車による場合、18km/h

騎兵………………………機甲

重騎兵

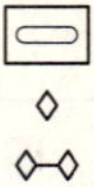

戦車
性格：衝撃効果による戦闘
主敵：敵戦車
責任交戦距離：0mから2500m
使命：打撃
戦闘間の最大の平均機動速度：
18km/h

３．火力部隊

砲兵（弓射部隊）…………砲兵・ミサイル・ヘリ・航空

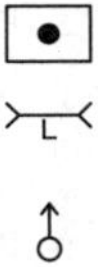

軽砲・迫撃砲
性格：連続的火力戦闘
主敵：敵歩兵・対戦車部隊
使命：地域制圧・擾乱
責任交戦距離：
迫撃砲は500mから3500m
軽砲は3500mから10000m

重・中砲・戦術ミサイル
性格：連続的火力戦闘
主敵：敵の砲兵・ミサイル・迫撃砲・要塞、ついで機動部隊
責任交戦距離：10000mから40000m
使命：地域制圧・擾乱

戦闘ヘリ・航空
性格：瞬間的火力戦闘
主敵：敵ヘリ、ついで敵火力部隊・装甲車・一般車両・要塞
責任交戦距離：
戦闘ヘリは500mから3500m
航空機は3500m以遠

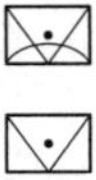

対空／対戦車部隊
対戦車戦闘時
性格：防御戦闘
主敵：戦車・装甲車両（優先順）
責任交戦距離：500mから3500m
使命：点目標射撃戦闘

対空戦闘時
性格：連続的防空戦闘
主敵：敵航空機・ヘリ
責任交戦高度：300m以上
使命：対空援護

▼「火力」　軽／中砲（自走砲）　四個大隊〔一個連隊に編制〕
重砲／戦術ミサイル　三個大隊〔一個連隊に編制〕
経空火力（戦闘ヘリ）　一個大隊
対空・対戦車　三個大隊〔一個連隊に編制〕
（注：運用的見地から対空／対戦車兼務火器が効率的である）

一個大隊の平均兵員数を三〇〇名とすれば、戦闘部隊のみで約八〇〇〇名となる。この戦闘部隊に指揮・通信・工兵、兵站部隊をくわえると師団全体の兵力は約一万六〇〇〇名となる。平均一両四名とすれば、師団の全車両数は四〇〇〇両となる。

これが機甲師団（戦車を主力とする師団）になると、歩兵の大隊数と戦車大隊数が入れかわることになる。

背後連絡線の存在意義

陸上戦闘の土俵は陸地であり、海上戦闘の土俵は海であり、航空戦闘の土俵は空である。そして戦闘は、土俵とその上で戦う部隊によって構成される。

軍艦と航空機は艦内・機内に燃料・弾薬・食糧などを搭載して戦闘するので、基地と艦隊・航空編隊との間に、特別な関係（連絡線）は必要ないと思われがちだ。しかし、じつは、基地から情報の提供をふくむ、さまざまな支援がおこなわれる。また、基地は戦力回復の場所であるので、一作戦ごとに戦闘部隊が帰還する。戦いにおいては、いわば〝現場〟が、独立して戦うことなどありえないのだ。

つまり、作戦は「基地」と「戦場」と、その間を結ぶ「作戦線（背後連絡線）」によって構成される。そして、戦闘部隊はこの作戦線の上で行動する。

作戦線にそって行動する戦闘部隊は、基地からなんらかの方法によって、燃料・弾薬・糧食などの補給をうけ、整備支援・衛生支援をうけ、兵士の補充をうける。

そのため、戦闘部隊は、つねに、基地に連接する背後連絡線を引きずって、行動することになる。もちろん、味方の増援を期待できるのも、主としてこの背後連絡線である。

だから、背後連絡線が敵に遮断されると、孤立することになるばかりか、燃料も、弾薬も、つきてしまう。背後連絡線の安全確保は、戦術にとってきわめて重要になる。

敵と自分の関係を図示する場合、通常は、自分は単線または青色の線で、敵は複線、または赤色で表現する。45ページの図において、①が自軍、②が敵をあらわしている。本書では基本的に、今後も、この書き方に準じる。

今日では、基地は、比較的固定的な大基地が、港湾、空港があり、鉄道・道路が集中しているような都市とその周辺に設定され、ついで、野外集積型（通常、軍が運営）の中規模の基地が、この大基地と背後連絡線によって連接される。

この野外集積型の基地から前方は、師団などが保有する移動型の兵站部隊（補給・整備・回収などをおこなう）によって、戦場に連接される。したがって、野外集積型の基地から師団などの戦場までは、絶えず、兵站部隊などをはこぶ段列車両が往復していることになる。

38～42ページであげた師団級の部隊では、平均毎日五〇〇トンの物資の輸送が必要になる。これは三・五トン積みトラックで一五〇両である。

その場合、夜間に灯火管制（必要最小限の灯火により走行）によって補給をつづけるとすれば、どんなによい道路を利用できるとしても、一日一〇〇km往復が限界となる。それ以上になると、野外集積型の基地をもうひとつ配置する。

地形の読み方

つぎに、陸上戦闘の「土俵」について、戦術的にみてみよう。戦闘がおこなわれる戦場の気象・地形は、戦術において重要な要素である。

戦術において、雪の積もっている寒冷地、砂漠のような酷暑乾燥地、ジャングル

▶背後連絡線

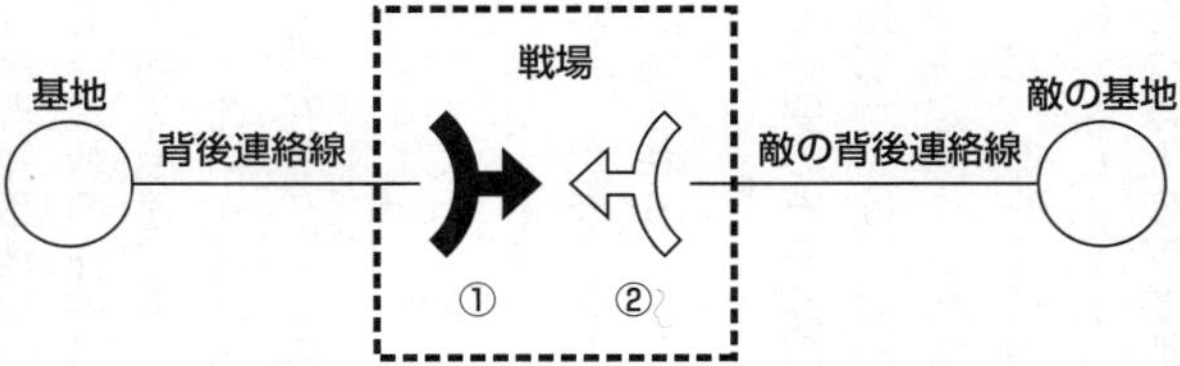

背後連絡線の安全確保は、とても重要だ。①と②は、敵と味方の関係をあらわす。本書では、基本的に、①の黒い方を味方（読者側）、②の白い方を敵としてあらわす。

▶戦場と地形

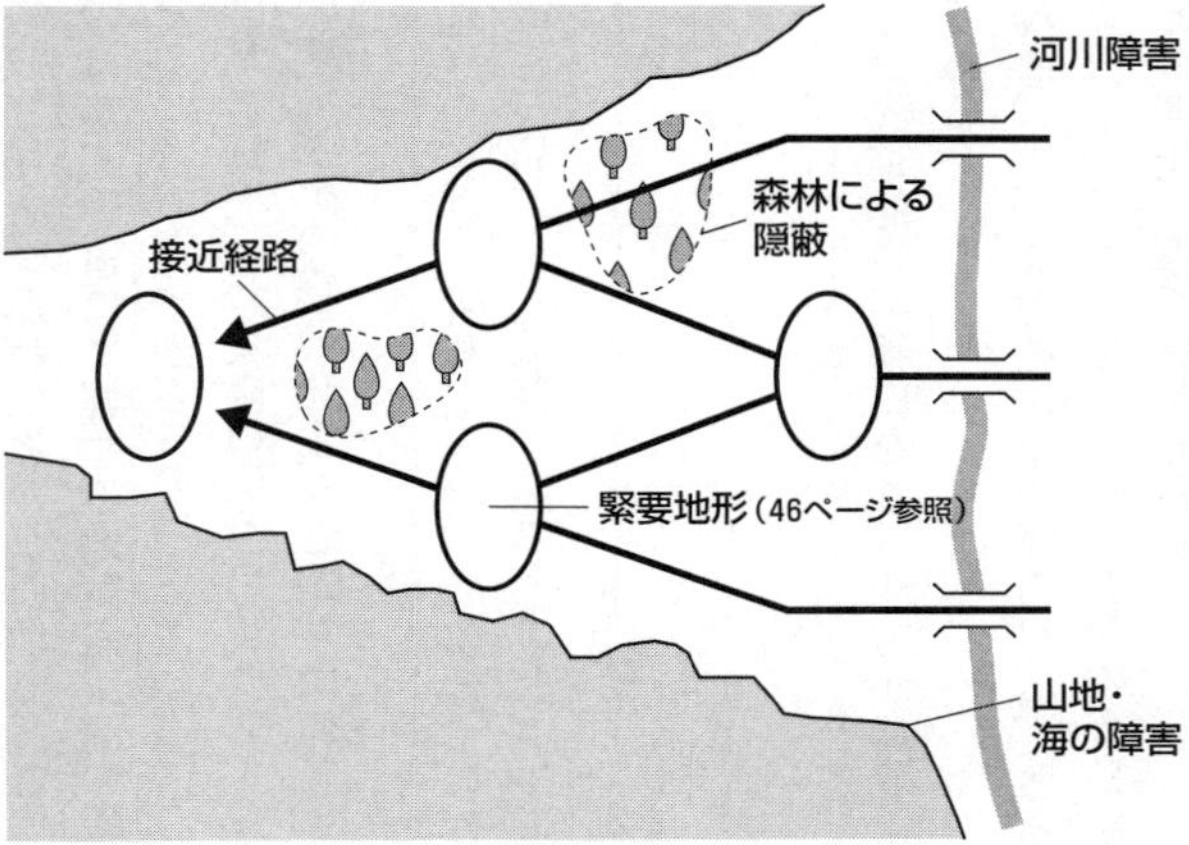

いわば、「土俵」である地形は、戦術的見地から評価される。

のような高湿熱帯地などは、特殊気象としてとりあつかわれるのが通常である。一般的な地域の作戦においては、天候のほか、弾道に影響する地表面気温、空気密度、風向・風速、第二薄明（早朝、明るくなりはじめてから日の出までの時間を、前半と後半に分け、この後半の時間）、第二薄暮（日没から、太陽の明るさがなくなるまでの時間を半分に分け、その後半の時間）、明度、朝夕の霧の発生などが、関係してくる。

地形については、沿岸地域、河川、山地、市街地、森林などは、特殊地形の作戦として、区分されるのが通常である。いずれにしても地形は「緊要地形」「接近経路」「障害」「視界・射界」「隠蔽《いんぺい》・掩蔽《えんぺい》（50ページ参照）」の、五つの視点からその価値が、評価される。

獲得する必要のある「緊要地形」

「緊要地形」とは、敵が奪取すれば、味方が決定的に不利になり、味方が奪取すれば、敵が決定的に不利になるような地形である。

たとえば、敵をよく見ることができる場所、主要な道路が集中する場所、渡ることが困難な川にかかる橋、上陸が簡単な港、着陸できる飛行場、射撃の容易な場所、ふたつ以上の緊要地形を射撃することが可能な場所などである。

緊要地形は、その地形を占領することが、その価値を手に入れることになる。そのため、地域を占有する能力がある部隊、主として歩兵部隊、ついで戦車部隊の立場にたって（行動しやすいように）選定される。

後方からの支援をえる「接近経路」

「接近経路」とは、目標または緊要地形にいたる経路である。

戦術においては、「戦闘部隊がひとつの緊要地形からつぎの緊要地形まで戦闘機動できること」に焦点をあわせて、接近経路を考える。

兵站部隊が、戦闘部隊に追随して円滑に補給などの支援ができるかどうかは二のつぎである。もちろん、兵站支援が容易な経路は、すぐれた経路の条件になることはたしかである。

なぜなら、戦闘部隊が後方からの補給をうけずに戦闘を継続できる期間は、三日間ぐらいだからだ。いいかえれば、後方からの支援を期待できないような、接近経路の利用価値は三日間であり、そのあとは消滅するということになる。そして兵站支援が可能な接近経路は、永続性のある経路であるといえる。

・ナポレオンやハンニバルは、苦労してアルプスを越えて敵を奇襲した。かれらが利用した経路は、兵站支援がきわめて困難な、接近経路であった。

戦闘部隊には越えることができる経路ではあったが、後方からの支援はうけにくく、戦闘部隊の戦力は、消耗しやすい経路だった。だから、まさかこんな経路から攻めてこないだろうと敵が油断し、かれらは奇襲に成功したのだ。

経路の価値は、経路の容量が問題になる。前述したが、師団級の部隊にとって、戦術の「駒」は二ランク下の大隊級の部隊である。同様に、旅団・連隊級の部隊では中隊級、大隊級の部隊では小隊級、中隊級では分隊級、小隊級では兵士四名一組の班が、分隊では、兵士二名一組が「駒」となる。

経路の容量は大きいほどよい。師団級では同時に三個大隊以上が、連隊級では同時に三個中隊以上が、大隊級では同時に三個小隊以上が(以下同様)、戦闘機動できるような経路が「作戦の方針」策定に利用できる経路である。

さらに、経路の価値は、質が問題になる。戦闘部隊が戦闘機動するといっても、その主体は機動部隊、つまり、歩兵部隊と戦車部隊である。だから、歩兵も戦車も機動しやすいことが、基本的条件になる。つまり、通りやすい道だということだ。

しかし、ときには、戦車が通れなくても、「駒」としての歩兵部隊が、三個以上通れるような経路を選定することがある。朝鮮戦争において中共軍は、戦車の通れない山中から、歩兵の主力をもって、米軍を攻撃して奇襲した。米軍は「まさか！」と思ったわけである。

経路の質については、さらに〝速度が出せるかどうか〟ということと、〝適当に隠れやすいかどうか〟を考える。もちろん、速度がでやすく、適当に隠れやすい経路がすぐれていることは当然である。

日本の地図は精密すぎるのが欠点だ

「障害」とは、戦術の「駒」にあたる大きさの歩兵部隊、戦車部隊が簡単に通れない地形である。ナポレオンは「時間と工兵力があれば、通過できない地形はない」とのべているが、通常、無限に時間と工兵力を利用できるわけではない。

障害をみるときは、地形を改修できる時間と工兵力が目安になる。また、地形を障害の見地から分析するときには、歩兵部隊の障害と、戦車部隊の障害に分けてみることが必要である。

ちなみに、こういった戦場地形を読むのに必要なのが〝地図〟である。日本の地図は二万五〇〇〇分の一を基準として、旧帝国陸軍陸地測量部が作製した。このとき、通れる場所と通れない場所を分けた基準は「二五kgの装備によって武装した徒歩歩兵が、通過可能かどうか」であった。

今日の日本地図は、国土地理院が基本的に作製・整備の責任をもっているが、これは、世界中の国々に比較すると異常である。一般に、世界の国々では、国防省が地図を管理している。地図は、安全保障の見地から、きわめて重要であるからという考え方が、その根底にある。

ちなみに日本人が海外で、日本で簡単に買えるような五万分の一、二万五〇〇〇分の一の地形図を手に入れることは、非常にむずかしい。政府の許可なく入手すれば、スパイ行為として逮捕されるだろう。「地形障害」は、軍事的にとくに重要なものなのだ。

「視界・射界」と「隠蔽・掩蔽」

「視界・射界」とは、見通しがよいか悪いかである。その場合、気をつけるのは、装備している火器の有効射程を考えることだ。

「隠蔽《いんぺい》・掩蔽《えんぺい》」とは、前者は、「単純に隠れることができる」の意味、後者は、「射撃されても防護される」という意味である。似た言葉だが、持つ意味はちがうのだ。

歩兵の姿勢の高さと、戦車の姿勢の高さは異なるので、当然、林や繁みの高さを考えるときに配慮しなければならない。また、装甲防護力の高い戦車にとっては、掩蔽よりも隠蔽のほうが利用価値が多く、非装甲の徒歩兵にとっては、掩蔽のほうが価値が高い。

数が多いと有利なのか

クラウゼヴィッツは『戦争論』（"On War"）において、すべての条件が同様ならば、戦闘力は「数の多いほうが有利である」とのべている。戦闘力を構成するさまざまな要素のうち、物的な要素だけをとりあげれば、マッカーサー元帥が指摘するように、

機動部隊の戦闘力＝戦闘部隊の質量×（速度）^{2}

である。これは運動エネルギーにほかならない。したがって、しばしば機動部隊の戦闘力は、直線運動のベクトルで図示される。

つまり、機動部隊が動けば、エネルギーは補給されないかぎり、どんどん摩擦によって消耗することになる。摩擦による消耗は、敵からうける抵抗によるものはもちろん、気象・地形の摩擦によっても消耗する。

わかりやすい例として、高地に向かう攻撃を考えればよい。平地より消耗が早いのは当然である。

陣地や要塞は、攻めてくる攻撃者に対して、運動エネルギーの大量消耗を強要する手段にほかならない。このような摩擦力を敵にあたえるのが、陣地や要塞であ

り、戦術においては、「壁」(63ページ上図参照)をつかって図示する。

機動部隊と同様に物的戦闘力のみを考えれば、火力部隊の戦闘力はランチェスターの理論に沿うといわれている。すなわち、

火力部隊の戦闘力＝(火力量)^2

である。

さて、ボクシングなどの格闘技において、相手の頭部をうまく打つと、相手は脳しんとうをおこして倒れる。「脳天一発」をうけると、いくら肉体が十分戦闘可能な状態であってもマットに沈むのだ。しかし、時間が経過すれば、脳しんとうは回復して、ふたたび戦闘が可能になる。

一方、ボディーブローは一発で相手が倒れることはない。しかし、打ちつづけると相手の肉体は耐えられなくなって、いくら頭が働き、戦闘意欲があっても、マットに沈むことになる。意識がはっきりしているが戦えないのだ。だから、長時間、戦闘能力の回復ができなくなる。

敵のなにを打撃するかによって、戦術における攻撃目標はかわる。敵の神経、とくに指揮・通信をねらうのが前者の考え方である。第二次世界大戦においてドイツ

の名将、グーデリアンが考案した機甲部隊による「電撃戦」のねらいがこれだった。

電撃戦が成立するにはいろいろな条件が必要である。現実には、指揮・通信のみならず相手兵士の神経をできるだけ短期間に麻痺させることが必要になる。それには、打撃速度がきわめて速いことが必要だ。

また戦闘を短時間のうちに決着をつけ、相手が崩壊すれば、ただちにこちらは武装解除することも必要である。ボクシングの脳しんとうが回復しないうちに、決着をつけるのとおなじだ。これらの条件のすべてが満たされることは、まずない。つまり、電撃戦がいつでもできると考えることは無理がある。

したがって、実際の戦いでは、後者のボディーブロー方式となることが多い。長時間の敵戦闘力の破壊をねらうのである。

この場合、直接、敵の戦力、たとえば、戦車、大砲、ミサイル、兵員を打撃しようとする場合と、その燃料、弾薬、糧食、水を断とうとする場合と、兵器・装備と、それを操作する兵員を分離しようとする場合の三つがある。

人類の歴史とともに歩んできた戦闘陣

戦闘部隊は戦闘において、ひとつひとつの部隊がそれぞれ勝手に戦うのではない。チームワークを、最大限に発揮できるような態勢をもって戦う。そのような態勢を「戦闘陣（combat formation）」という。

戦闘陣は、古代から今日にいたるまで、各国が総力をあげて開発をすすめており、各国の戦術ドクトリン（教義・考え方）が濃縮されているといってよい。その基本形は単純である。

横陣は、正面に対して最大限の戦闘力を発揮できる。したがって、ローマ軍の時代から今日まで、攻撃、防御を問わず、決戦になれば、横陣になって戦闘するのが普通だ。その場合、陣形内の個々の部隊は、横方面の部隊とたがいに連携し、支援して戦闘することになる。

連携や相互支援が切れて間隙ができると、きわめて危険である。なぜなら、敵がこの間隙に突入すれば、陣形をくずされ、うしろから攻撃されるからである。

横陣の戦闘陣が機動しだすと、横方向の連携を保つことはむずかしい。そのため、機動速度が低下することが欠点である。

また、横陣を保ちながら、斜め方向に機動（斜行《しゃこう》）することはさらにむずかしい。横陣から一部を折りまげる機動（横陣が〝く〟の字や〝へ〟の字になること）をするときには、しばしば屈折点にスキが生まれやすい。この欠点に乗じた名将は歴史に多い。それには、戦場においてたくみに動き、横陣を組んでいる敵の陣形をくずすことからはじめる。

ナポレオンも愛用した縦陣

縦陣の利点と欠点は、横陣の逆である。縦陣では、陣形内の各部隊は、前方の兵士・部隊との協力のみに注意をはらえばよい。前方の部隊が前進方向を変更すれば、それにしたがうことになる。だから進行方向がかわっても、間隙が生じるという欠点がない。さらに、必然的に機動速度が速くなるというのが、最大の長所だ。

しかも、一番先頭の部隊が、戦いに疲れたり、損害が多くなると後方に下がり、うしろにいる、つぎの部隊と交代できる。つまり敵は、絶え間なく新手と戦闘することになるので、疲れて敗北する。もっとも、一番先頭の部隊は必要最小限の横陣を展開しなければ戦力が集中しない。

このような先頭部隊は“Spearhead（槍の穂先）”とよばれる。もちろん、槍の穂先は、横陣に展開した敵から集中攻撃をうける。穂先が簡単に破砕されると縦陣は意味をなさない。先頭部隊は、強くなくてはいけないのだ。それは通常、戦車部隊となる。

ジンギス・カーンが草原の駿馬を駆って中東、欧州、インド、中国の軍を撃破したのは縦陣であった。ナポレオンも縦陣を愛用した。砂漠におけるロンメル将軍、

▶横陣

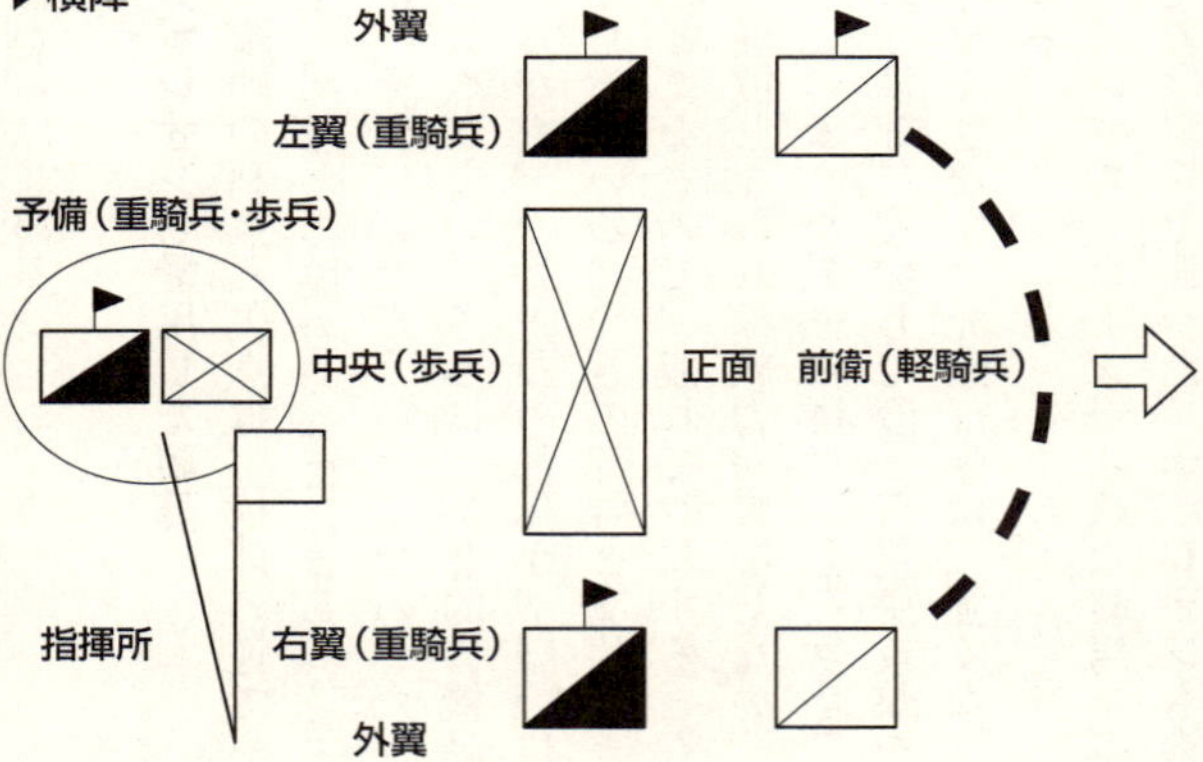

攻撃・防御をとわず、決戦になれば、横陣になるのが基本だ。右の矢印の先に敵がいる。ちなみに、予備の兵力の図示をする場合は、図左のように、部隊の記号を丸で囲む。

▶縦陣

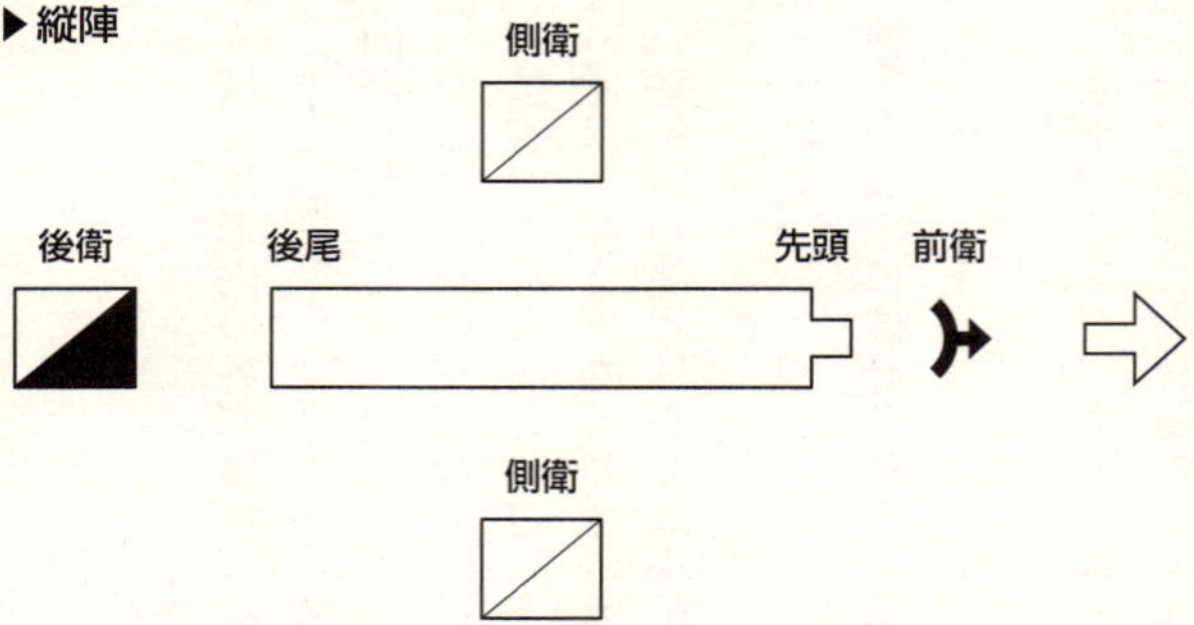

ジンギス・カーンや、ナポレオンが、この縦陣をこのんだ。つねに、強力な部隊を、先頭におく必要がある。

湾岸戦争における左翼包囲部隊の陣形も同様である。

縦陣は「速度」に勝機を見いだし、敵の弱点を突くときに役にたつ。

これに対し、横陣は、火力の集中と協同連携による「戦闘力の包囲的集中」に、勝ち目を見いだしている。どちらがすぐれているかはいえない。それは戦況によって選択すべきである。

陣形は戦いによって変化する

このほかに、よく使用される戦闘陣には、一翼を強くした「斜行陣《しゃこう》」、全周を守る「円陣」、一翼を横向きにした「鈎形陣《こうけい》」、機甲突破に使用された「弾丸陣《だんがん》」などがある（61ページ参照）。

斜行陣や鈎形陣は、敵兵力にくらべて、戦力がすくない場合に使用される陣形である。どちらかといえば奇策である。したがって、戦闘前に陣形が敵にわかってしまうと、徹底的に弱点を突かれてしまう。

斜行陣の弱点は先頭である。相手は、敵が斜行陣だとわかれば、先頭に戦闘力を集中し、粉砕してしまう。鈎形陣では、屈折点が弱く、そこをねらわれる。だから、両陣形を採用する場合は、徹底的に敵に対し陣形をかくすか、ダマしの手を打たなければならない。

▼コラム『古代戦史に見る歩兵の戦闘陣形』

マケドニア、カルタゴ、ローマの歩兵の戦闘陣形から学ぶことは多い。個々の勇者の周りに従者たちが群がり、そのような群がりが全体として一団となって戦闘するという原始的な戦闘から、紀元前六〇〇年ごろ、ギリシャでは整々とした戦闘陣形を組んで効率的な戦闘を実行するようになった。

テーベのエパミノンダスがレウクトラの戦闘において兵力約一万一〇〇〇のスパルタ軍に対し、兵力約六〇〇〇のテーベ軍をもって当初、左翼に一／四近くの戦力を集中した横隊陣形をとり、戦闘の進展にしたがって斜行陣に変換しつつ大勝利を収めた。この左翼が敵の右翼を打ち破ったのには秘密があった。

ひとつは左翼を実質的に縦隊隊形（縦深四八名、正面三二名）としたことである。縦隊隊形では、正面の兵士それぞれが左右の連携にとらわれることなく、ひたすら新手の戦士を前方にくり出して敵を攻めつづけるので、横隊隊形において左右の連携を気にする敵戦士が時間の経過とともに疲労して倒されたのであった。

ふたつ目の秘密は左翼の左側に約六〇〇名以下（全戦力の一／一〇以下）の予備を配置していたことであった。これが、左翼の戦闘の戦局分岐点に、敵の右翼の側背を攻撃したのだ。

この斜行陣の戦術はマケドニアのフィリップ二世を経てアレキサンダーにうけつがれた。アレキサンダーは三段に並んだ歩兵の横隊のうち、左半分に「重装甲歩兵」を配置して防勢的に運用し、右半分に「軽装甲歩兵」を配置して攻勢的に運用した。「軽装甲」に期待したものは、装甲防護力より、機動性と柔軟性であり、攻撃に適すると判断したことにほかならない。

アレキサンダー大王の実際の主攻部隊は多くの場合、歩兵戦闘陣形のさらに右翼に配置されたカンパニオン騎兵（マケドニア人による騎兵）であった。したがって、右半分の軽装甲歩兵はふたつの仕事をおこなった。ひとつは、カンパニオン騎兵と協同して攻撃戦闘することであり、もうひとつはカンパニオン騎兵と左半分の重装甲歩兵とをつなぐことであった。

たとえていえば、カンパニオン騎兵がハンマーの槌であり、軽装甲歩兵が柄であり、重装甲歩兵がハンマーの手元の役割であった。

カルタゴの名将ハンニバルは、歩兵の戦闘陣形の両翼に重装甲歩兵を配置して防勢的に運用し、中央に軽装甲歩兵を配置して前後に機動させながら攻勢的に運用した。彼はこうして敵を中央に引きつけ、歩兵戦闘陣形の両翼に配置した騎兵を、決勝部隊として運用している。アレキサンダーもハンニバルも歩兵は戦闘の基盤を構成する部隊であることをよく認識していた。歩兵の戦闘陣なくして戦闘は成り立たなかった。

円陣は、地形障害がなく、かつ敵にくらべて、自軍の兵力がかなり少ない場合に防御のためにとる陣形である。戦闘前の宿営時には、通常、敵の奇襲と警戒のために円陣を組む。どちらかといえば、防御の陣形のひとつである。

弾丸陣については、縦陣の応用である。これは、第二次世界大戦における電撃戦の生みの親、ドイツのグーデリアン将軍が創造した戦闘陣形だ。かれは陸軍が敵の陣形を突破するのは、強力な壁を弾丸が突き抜けるようなものであると考えた。そして弾丸に相当する部分に戦車集団を配置した。

しかし、それだけでは突破できない。敵の壁に穴を開けても、すぐに閉塞されるので、戦車部隊の左右後方に自動車化した歩兵を随伴させて、戦車が開けた穴を維持するような陣形を考えた。当時は、戦車と同じ速度で前進できる砲兵はなかったので、戦車の突進の先端に火力を浴びせ支援するために、ストッカとよばれる急降下爆撃機を、組み合わせた。これが有名な、電撃戦における弾丸陣である。

戦いに勝つための戦術的行動

戦闘は一般に、戦闘部隊が戦闘陣を組み、さらに戦闘陣と陣地を考えたうえでおこなわれる。そのような戦闘のための行動を「戦術的行動」とよぶ。

戦術的行動には「攻撃」(「包囲機動」「迂回《うかい》機動」「突破機動」をふくむ)「防御」「行

▶斜行陣

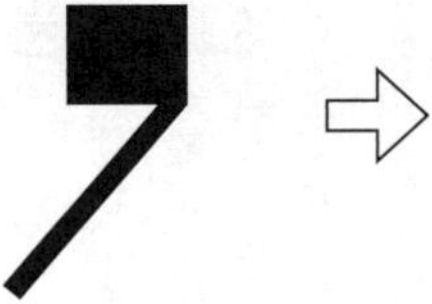

一翼を強くしたもの。どちらかといえば、奇策になる。

▶円陣

防御のための陣形。宿営のときには、ふつうこの形をとる。

▶鉤形陣

斜行陣とともに、敵に対して、こちらの兵力がすくないときにつかわれる。

▶弾丸陣

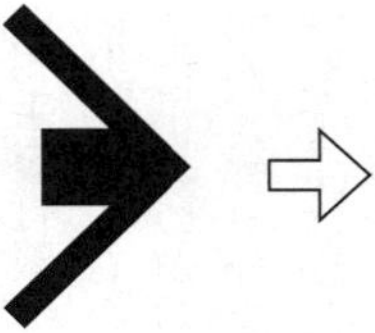

縦陣の応用で、ドイツのグーデリアン将軍が、考えだした。

進」「宿営／集結」「伏撃」「追撃」「遅滞行動」「退却」「増援」があり、これらの戦術的行動を連接する「部隊交代」「戦線離脱・離隔」「攻撃転移・防御転移」がある。

▼攻撃(attack)

敵に向かって機動し、えらんだ戦場において敵を撃破することを目的とする戦術的行動である。一般に、防御している敵に対する攻撃と、遭遇戦がある。

遭遇戦とは、敵もこちらも攻撃しようとして衝突することによっておこる戦闘である。図示の方法は次ページが一般的である。もちろん、軍人の作戦計画は、さらに精密な図示要領を使用する。それは、統制・調整がふくまれているからだ。攻撃する各部隊の目標、主攻部隊の指定前進軸、攻撃開始線、攻撃開始時機目標まで前進状況を統制する線などである。

ボクシングにおいて、右手と左手を同時にだして相手を打撃することはできない。両手に力を乗せてパンチを浴びせることは不可能だ。どちらのパンチも、中途半端になってしまう。どちらかの一方をメインパンチにするのが効果的である。

戦術も同様だ。攻撃においては、決定的な目標に向かって十分な戦闘力をもつ、「主攻」が形成される。これが〝メインパンチ〟だ。そして主攻が動きやすいように働く部隊、「助攻」が同時につくられる。

▶攻撃

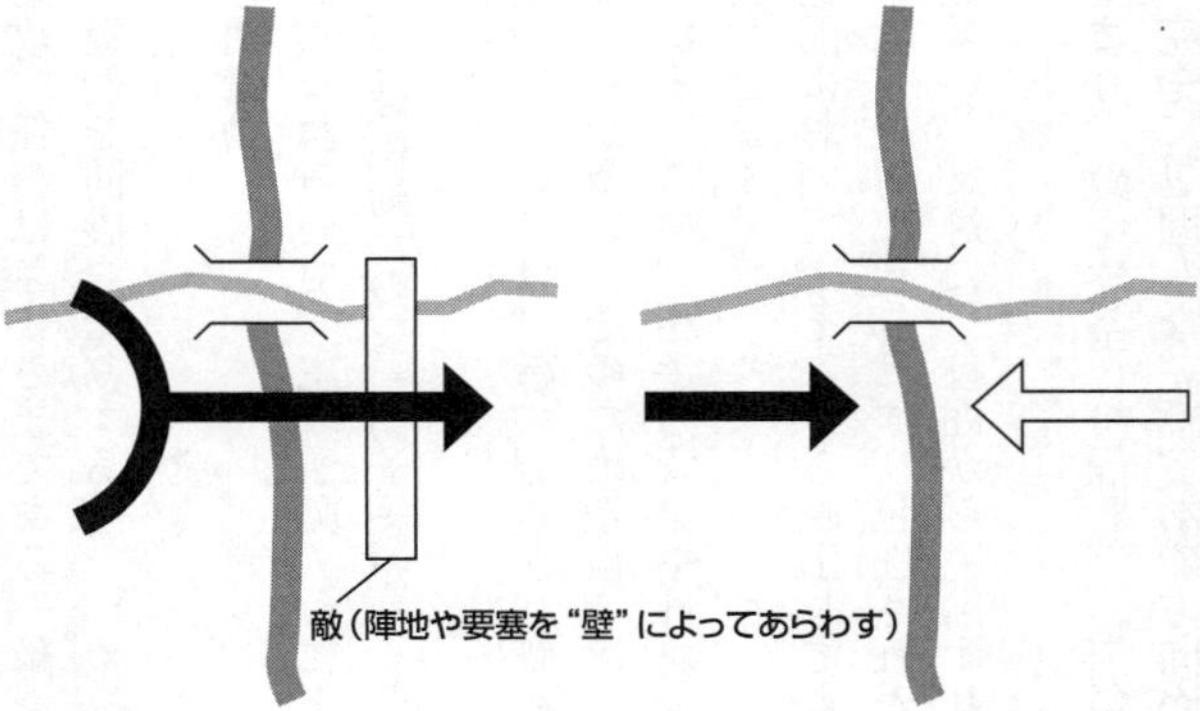

左は、防御している敵に対しての攻撃をあらわす。右は、敵も攻撃しようとしているときにおこる“遭遇戦”である。

▶攻撃における作戦図の方法

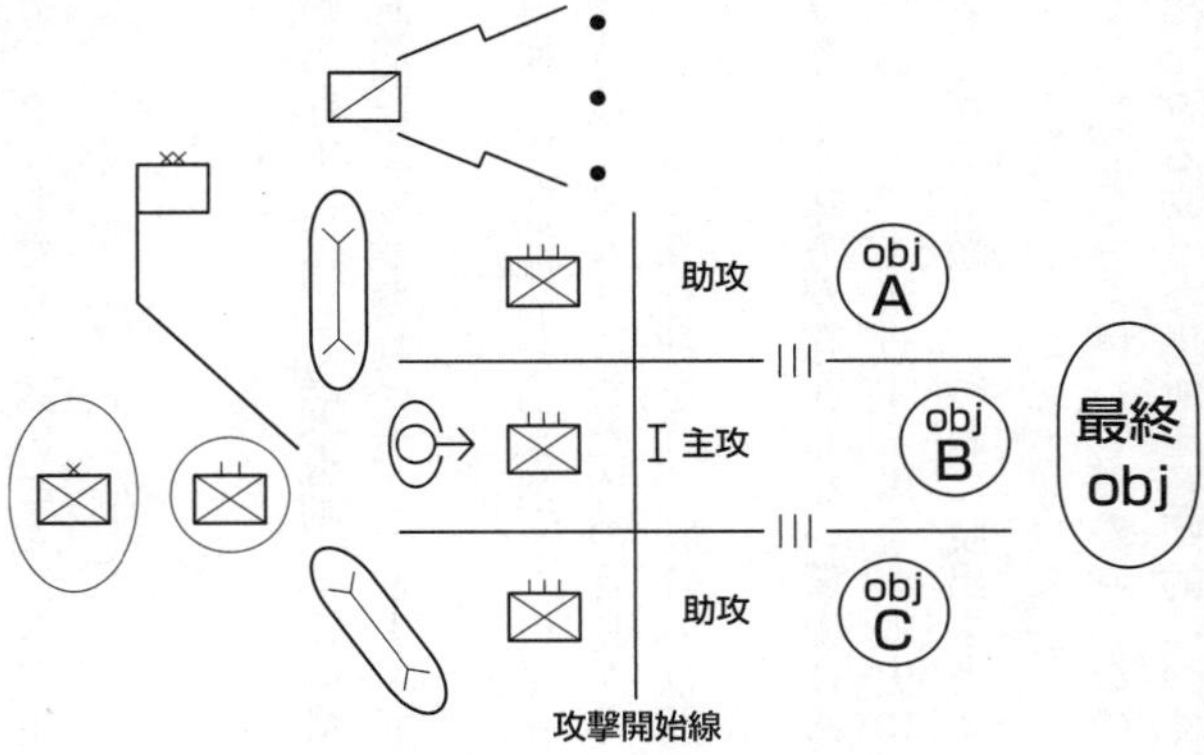

助攻の任務はさまざまである。敵を拘束したり、ダマしたり、誘いこんだり、主攻の翼側を防護したりする。

▼包囲機動

どんなねらいで、主攻が動くかによって、攻撃の仕方には、「包囲機動」「迂回《うかい》機動」「突破機動」の三つの方式がある。これを一般的に「攻撃機動の方式」とよんでいる。

戦いにおいては、敵の弱点が、背後や翼側（側面の広く展開している部分）に存在することが多い。そのため戦術では、敵の外翼や背後にまわりこむための行動が必要になる。この、相手の背後や外翼を攻撃しようとする攻撃行動を、一般に「包囲機動」とよぶ。

包囲において、そこから脱出しても、生きのびる道や味方が存在しない環境にある敵は、絶対に退却せず、包囲された戦場や城において死を決意する場合が戦史には数多い。反対に、包囲から脱出すれば、生きる道がある敵は、つねに脱出を考える。

つまり、敵を完全に包囲し、全力で撃滅しようとすることは、労力のムダなのだ。完全に包囲しないで、ある方向から敵が脱出できるような場所を意図的につく

▶包囲機動

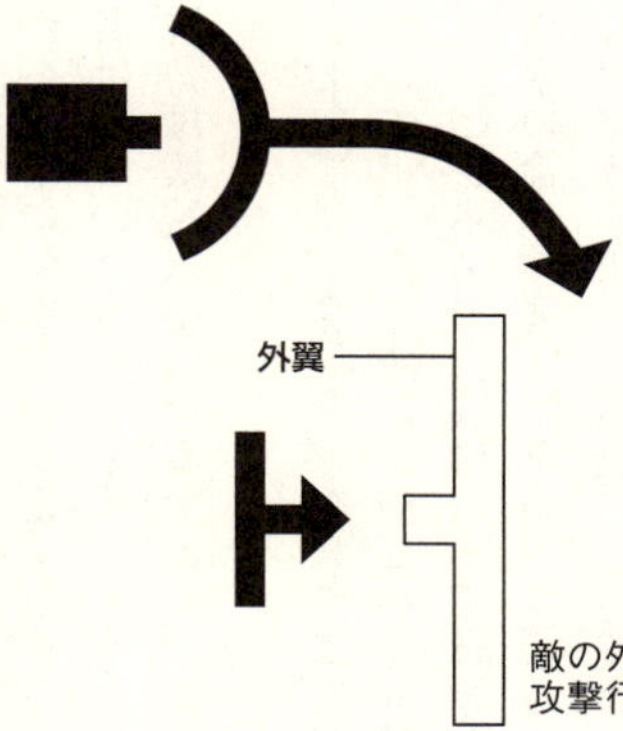

敵の外翼や、背後にまわりこもうとする、
攻撃行動。

▶迂回機動

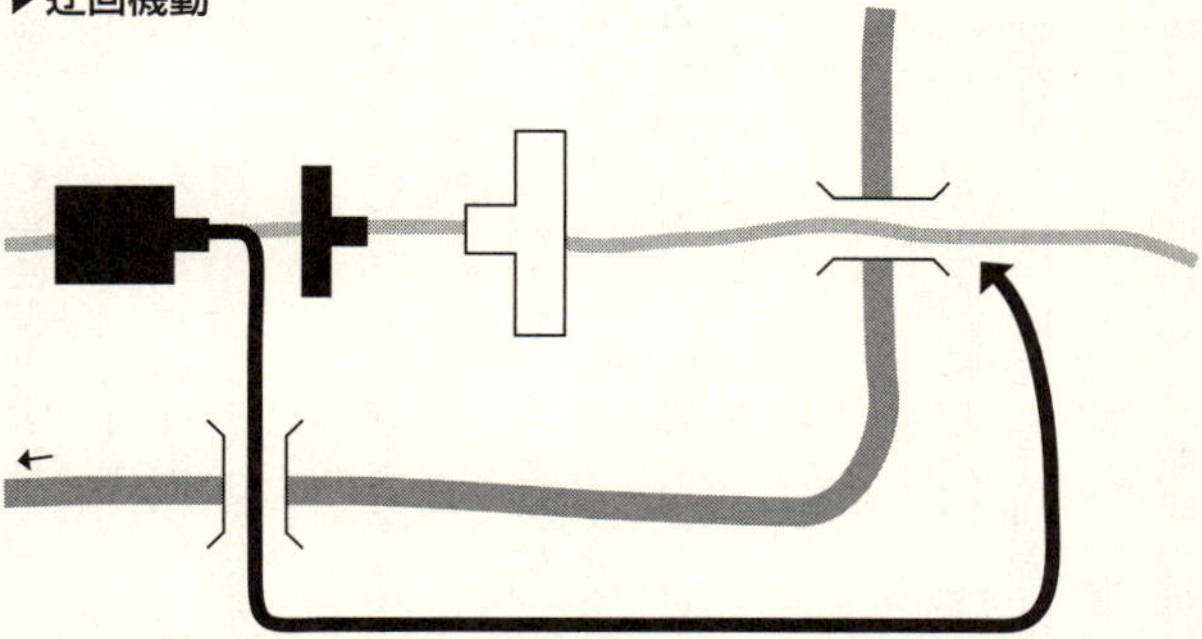

包囲機動と迂回機動はにているようにみえるが、まったく意味がちがう。包囲機動は、その場で相手を撃破することをねらっているのに対して、迂回機動は、攻撃者が希望する戦場に、相手を移動させることを、目的としている。

ってお けばよい。そうすると、通常、一部の敵がためしに脱出する。その成功をみて、敵から次第に脱出者がふえはじめる。そして最後は全軍の脱出がはじまる。包囲者は、このときまで辛抱づよく待つ。いったん、全軍の脱出がはじまると、敵の抵抗力は壊滅状態になる。ここではじめて、一挙に追撃して、撃破することになる。

包囲においては、全周を完全にかこむ必要はないのだ。モンゴル軍はサジョ河の戦闘において、この方法によってハンガリー軍を撃滅した。

たとえばビジネスの会議において議論が伯仲するとおもわれるときは、議論において、相手の論理の逃げ口をつぎつぎとふさぐのがよい。しかし、最後の逃げ口はふさがないほうがよい。完全にふさぐと相手は頑固になって喧嘩わかれになる。逃げ口を開けておけば、大いなる譲歩を勝ちとることができる。

▼迂回機動

戦場を自軍にとって有利な新しい地域にうつし、相手を打撃したいと考え、相手の背後連絡線をしゃ断するためにおこなう攻撃行動を、一般に「迂回機動」とよぶ（65ページ参照）。

包囲も迂回も、当面の相手の正面を攻撃することを回避して、相手の外翼を機動するので、一見よくにている。しかし、包囲は、その場において相手を撃破することをねらっているのに対して、迂回は、相手が当面の位置を放棄して後退し、攻撃者が希望する戦場に移動するようにしむけることをねらいとしている点が異なっている。

▼突破機動

包囲や迂回ができないか有利でない場合、相手が油断して戦闘陣の展開が不十分な場合、戦力が劣勢な相手が十分に陣地を準備する時間の余裕がない場合、あまりにも広い場所に展開している場合。このようなときは、攻撃者は包囲や迂回をせずに、相手戦闘陣を分断して、分断した相手をそれぞれ撃破しようとする。

このような攻撃行動を「突破機動」とよぶ（70ページ参照）。突破は本質的に〝力ずく〟の攻撃であるので、十分すぎるほどの戦力と準備が必要である。

しかし、戦闘では、相手はけっして愚かではないので、包囲や迂回は簡単にはできず、突破による攻撃になることが多い。また、包囲や迂回をおこなう場合においても、相手の正面で、いつでも突破できると思わせるような行動ができなければ、相手を正面にクギづけにしておくことなどムリだ。突破は攻撃の基本といってさしつかえない。

突破機動を効率的におこなえない戦闘部隊は、役立たない。平和時において、軍が真っ先に訓練するのは、突破の要領である。

突破をするためには、最初に敵の主陣地に「孔（すきま）」を開けなければならない。孔を開ける方法は、「力ずく」で開ける場合と、たくみな機動によって、敵が知らず知らずに陣地配備に「間隙をつくっている」場合とがある。

力ずくで孔を開けるには、強大な衝撃力が必要である。大火力を集中し、地雷原に通路をつくり、戦車と歩兵を集中して、突撃することになる。防御している敵の守りが堅い場合は、より大変だ。〝とてつもなく強力な壁を、ゲンコツでたたき破る〟ようなものである。つまり、強力なパンチ力が必要になる（①突破口の形成）。

しかし、敵が陣地に向かい配備につこうとしている瞬間や、こちらに弱みをみせて、敵が逆に攻撃に出ようとして動き出す瞬間に、このパンチを浴びせれば、衝撃力は倍加し、敵陣を容易に粉砕することができる。

このようなパンチの浴びせ方には、機敏な動きと速度、さらに指揮官の戦機をつかむするどい眼が必要である。動きのなかで戦機をつかむのであるから、指揮官は、かなり戦術能力が高く、部隊が訓練されていなければできない。「蝶のように舞い、蜂のように刺す」だ。ジンギス・カーンはこの戦術の名人であった。

突破においては敵陣地に孔を開ければいいというだけではない。敵を十分に撃破する戦力を、その孔から敵陣地の背後に進めなければならない。少数の戦力を、この孔から敵の後方に突入させると、敵の予備隊から逆襲をうけて撃破されてしまう。したがって、突破の第二段階は、この孔を拡大することが必要である（②突破口の拡大）。

第三段階は、拡大した突破口から、強力な部隊を投入して、突破を確実にすることである（③分断の完成）。この三段階が突破の原則だ。

第二次世界大戦においてドイツのグーデリアン将軍は、第一段階から第三段階まで一挙に実施する方法を考えた。これが「電撃戦」の戦術であり、そのときにあみ出された戦闘陣形が、陣形のところで紹介した「弾丸陣」であった。

今日の機甲部隊の突破は、この方式を原則的に受けついでいる。

▼防御（defense）

「防御」とは選んだ戦場において、敵の攻撃を破砕することを目的とする、戦術行動である。

防御においては、主攻と助攻のように、空間的に味方を分けるわけにはいかない。基本的に敵がなにを最終目的にしているかが、わからないからである。

まったくその判断がつかない場合には、全周囲にそなえる円陣にしなければなら

▶突破機動

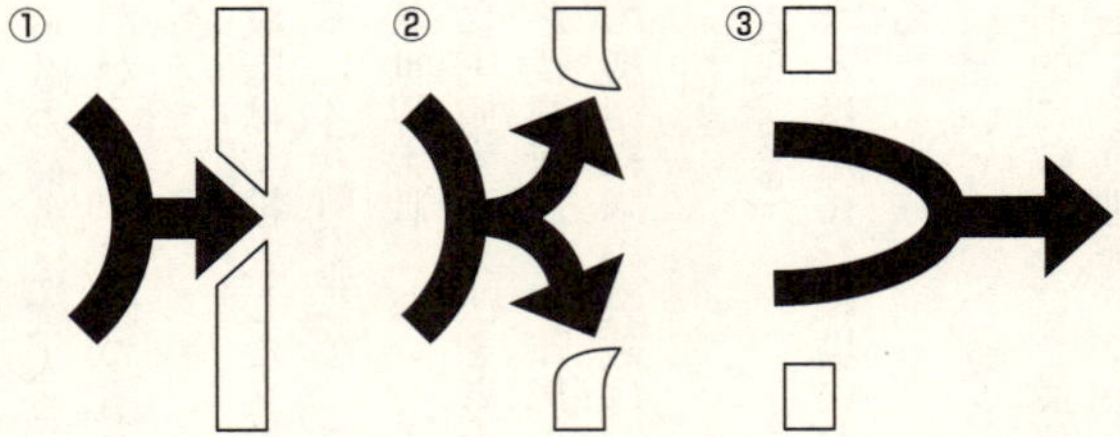

突破機動は、左から順番に、①「突破口の形成」、②「突破口の拡大」、③「分断の完成」の３段階が必要となる。

▶防御

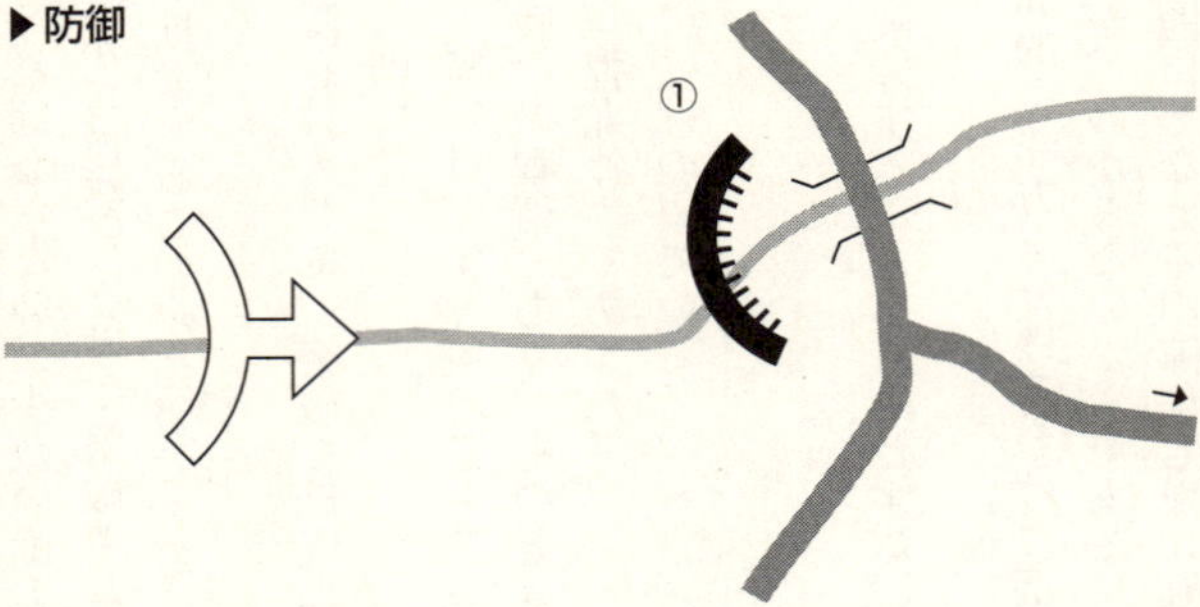

こちらが選んだ戦場において、敵の攻撃を破砕することを目的とする戦術行動。①のようにあらわす。

ないが、たいていの場合、敵が向かってくるおおまかな方向は判断できる。したがって、その方向に対して、むらなく強く防御する。これを防御の「正面」といい、その裏側が「背後」になり、両側面が「翼側」となる。

また、防御では、陣地阻止力（盾）と逆襲力（槍）によって防御戦闘をおこなう。陣地阻止力（盾）により多くを期待するか、逆襲力（槍）により多くを期待するかによって、防御の仕方（防御方式）がかわることになる。

陣地阻止力を防御成功の主目的とする防御方式を、「陣地防御」とよぶ。防御力に重点をおいた盾が強固な方式だ。そして、逆襲力に重点をおいた防御を「機動防御」という。槍がよりするどくとがっている方式だ（次ページ参照）。

包囲も迂回も、攻撃側にとって、一般に有利な攻撃機動である。しかし、防御側にしても通常単独で孤立して作戦しているわけではなく、防御側の後方や側方には、増援に駆けつけることができる部隊があり、戦術的にたがいに支援できるように配慮していることは当然である。

だから、いつでも包囲や迂回が有利なわけではない。うっかり相手の後方にまわりこむと、逆にはさみ撃ちされかねない。

もちろん、敵も簡単に側方や後方にまわりこめないように、戦闘陣を展開する。攻撃者が防御側の外翼にまわりこもうとすると、防御側は対策を講ずることにな

▶陣地防御

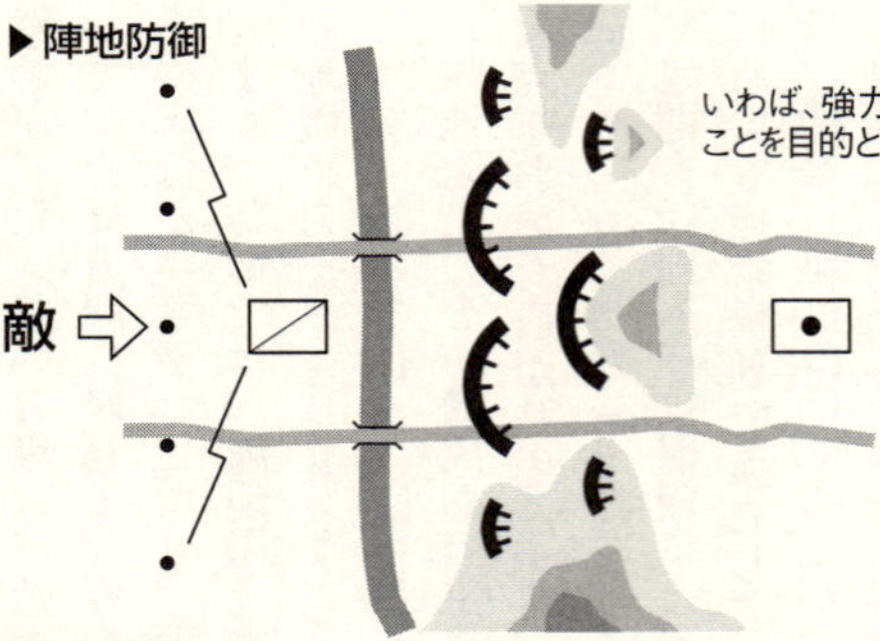

いわば、強力な“盾”をつくりだすことを目的とした防御だ。

▶機動防御

上の陣地防御とちがい、敵に逆襲することに重点をおいた防御である。

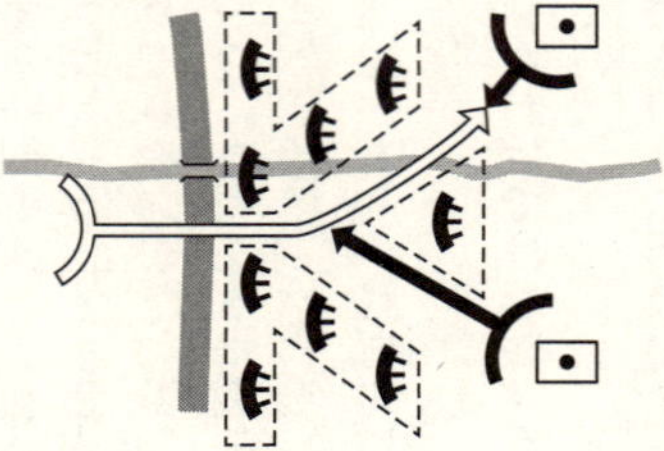

▶防御における図示の方法

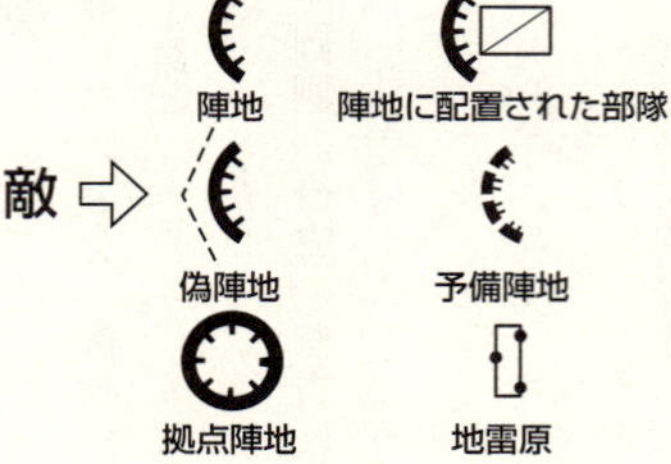

る。その対抗策は、大別するとふたつになる。ひとつは翼をのばしてまわりこめないようにする案である。これを「延翼」という（75ページ参照）。

第二の案は、はじめからまわりこまれそうな翼を後方に下げておく戦闘陣「鈎形陣」、または「斜行陣」に展開し、攻撃者がまわりこんできたら逆襲によって打撃する方法である。

第二次世界大戦においてドイツのマンテゥフェル将軍は、陣地防御と機動防御をたくみに組みあわせて、突破してくるソ連軍を意図的に誘い、その侵入量を限定しておいて、陣地の後方で逆襲により打撃した。

この方式は第二次世界大戦後、米軍に導入されて、やがて「アクティブ・ディフェンス」ドクトリンとなって発展し、それがさらに発展して、冷戦時における「エアー・ランド・バトル」ドクトリンとなった。

▼行進(march)

自分の機動力をもって、ある場所からつぎの地域に移動することである。とくに、敵に接触するためにおこなう行進は「戦闘前機動」とよぶ。また、戦闘間におこなう行進は「戦闘機動」とよぶ。さらに両者を合わせて直接戦闘目的をもって行進することを、たんに「機動」という（76ページ参照）。

▼宿営／集結(camp)

宿営するときは通常、全周防御（円陣）の態勢をとる（76ページ参照）。

▼伏撃(ambush)

自軍が選んだ戦場において、待ちぶせによって敵を撃破する戦術的行動である。伏撃はきわめて高度な戦術能力が要求される。なみの指揮官では、ほとんど実施できない。

なぜなら、第一に、敵を待ちぶせしているところに確実に引きこまなければならない。自由意志をもち、考える力のある敵指揮官は、簡単には、ワナにかからない。

第二に、敵にワナをしかけるためには、敵が攻撃したくなる〝しかけ〟が必要である。そのためには、味方に多大の能力を期待し、犠牲を覚悟する必要もある。第三に、待ちぶせしていることを敵に秘密にしなければならない。万一、敵が待ちぶせを事前に見やぶれば、逆に待ちぶせ側が、ワナにはまることになるのだ。

雁が乱れ飛ぶのを見た源義家は、その下に伏兵があることを見破り、待ちぶせにひっかかるフリをして接近し、いっきょに待ちぶせ部隊に襲いかかり撃破した。

▶延翼

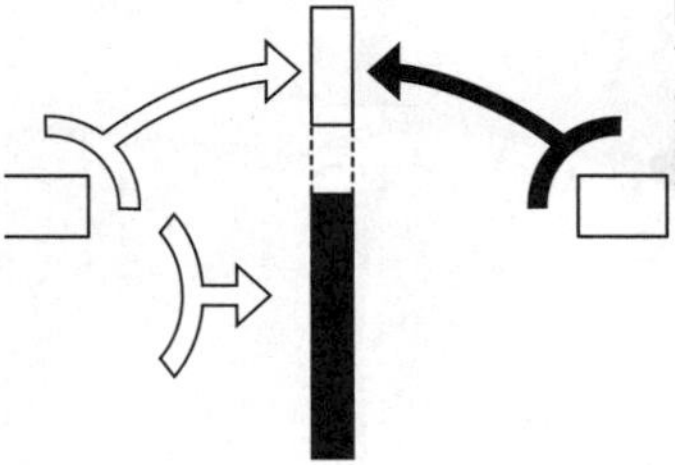

防御をしているとき、相手が、包囲や迂回をしてくることがある。それをふせぐために、翼をのばして、敵がまわりこめないようにする。これが延翼だ。

▶防御　「鈎形陣」「斜行陣」

上の延翼とともに、包囲、迂回機動を相手がとってきたときの対抗策。まわりこんできた敵を、逆襲して攻撃する方法だ。

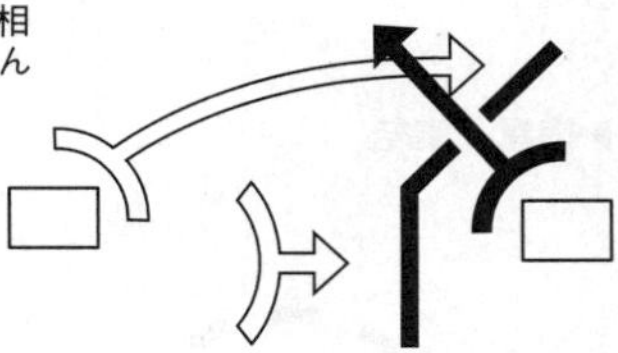

▶アクティブ・ディフェンス

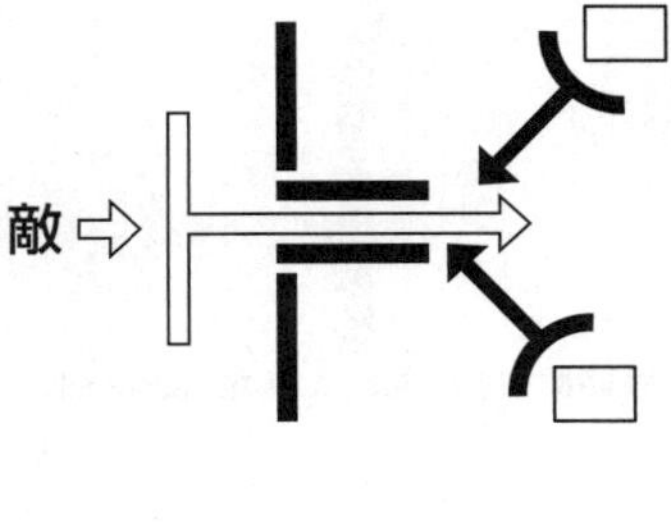

第二次世界大戦において、ドイツのマンテゥフェル将軍は、陣地防御と機動防御をたくみにくみあわせ、逆襲した。これは、やがて米軍に導入された。

▶行進

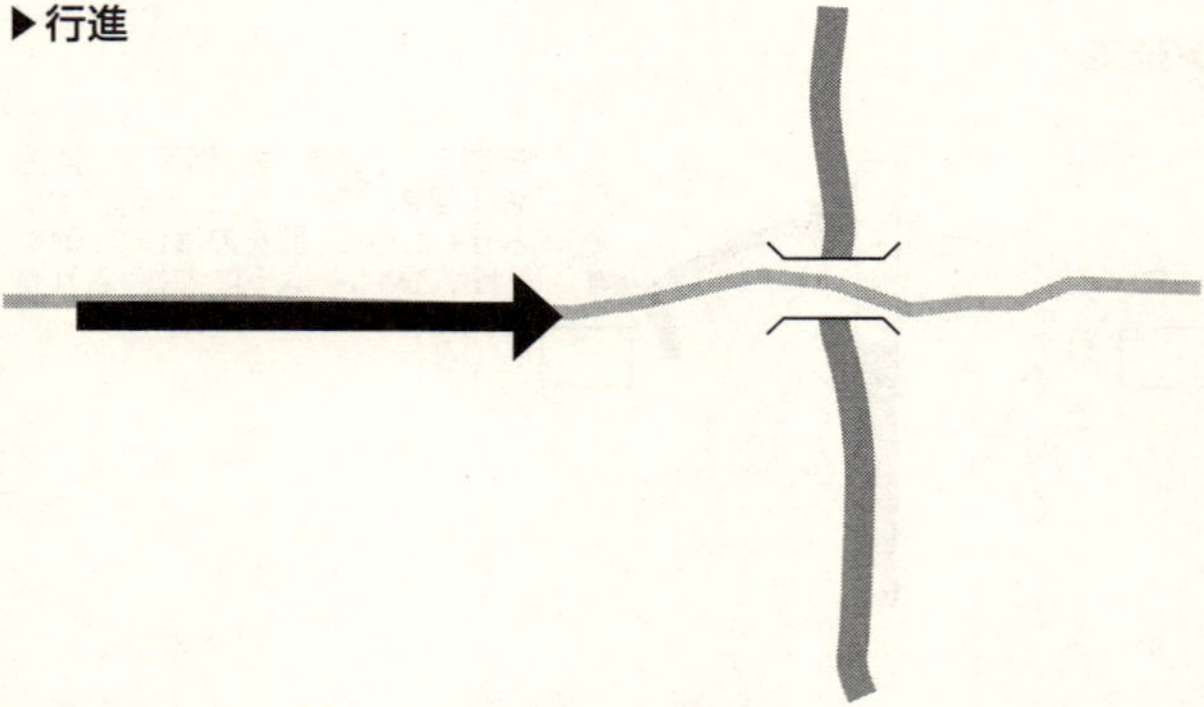

自分の機動力で、ある場所から、つぎの場所へ移動すること。黒い矢印で図示される。

▶宿営／集結

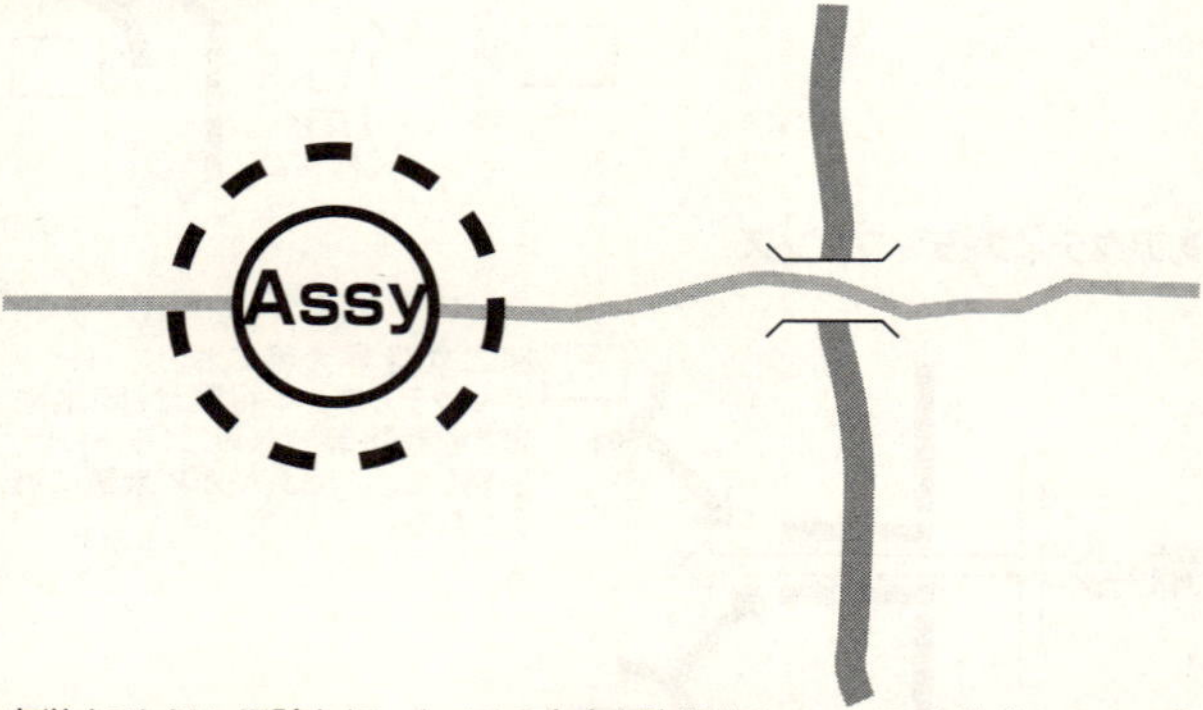

宿営するときは、円陣をくみ、すべての方向を防御する。Assyは、集結“assembly”の意味。

▼追撃(pursuit)

戦場において、または戦場から退却する敵を追いかけながら、敵を撃破する戦術的行動である。後退する敵に対し、たんに跡追いするのは「追尾」である。

▼遅滞行動(delay)

敵の前進速度を低下させる目的をもって、決戦を回避して、後退しながら敵の前進を妨害する戦術的行動である（次ページ参照）。

▼退却(retreat)

決戦を中止・回避して、敵との間合いを拡大する目的をもって、後退する戦術的行動である。退却する場合、最後尾をつとめる後衛の行動は、きわめて重要であり、通常、もっとも信頼できる指揮官を配置する（80ページ参照）。

第二次世界大戦のアフリカ戦線において、ドイツ軍のロンメル元帥が、航空戦闘力の劣勢下、極貧の補給状況にもかかわらず、モンゴメリー将軍の指揮する数倍の英軍をあざむいて、エルアラメインからチュニジアまで、ほとんど損害を出すことなく退却した例が有名である。

▶遅滞行動

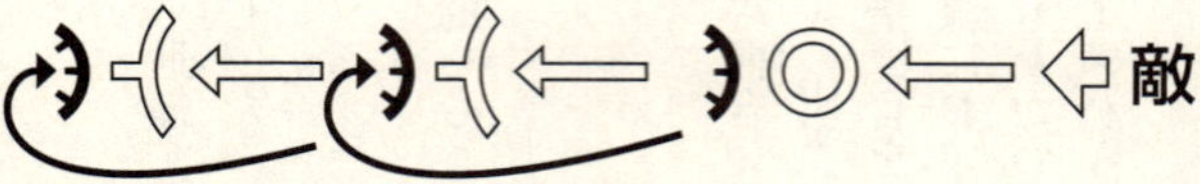

損害を出さないように気をつけながら、敵の前進を妨害する戦術的行動である。

▼増援(reinforcement)

戦闘中の部隊に対し、相対戦闘力を有利にするか、救援するか、態勢を逆転するため、当面の戦場に新たな戦力を投入する戦術的行動である。「増勢」「救援」「態勢逆転」がある（次ページ参照）。

▼部隊交代

部隊の交代をおこなうこと。

▼戦線離脱・離隔

戦闘の場から離れること。

▼攻撃転移・防御転移

攻撃、防御の戦術行動を変更すること。

これらの戦術的行動を、状況、場所などを考えながら、たくみにあやつっていくのである。

▶退却

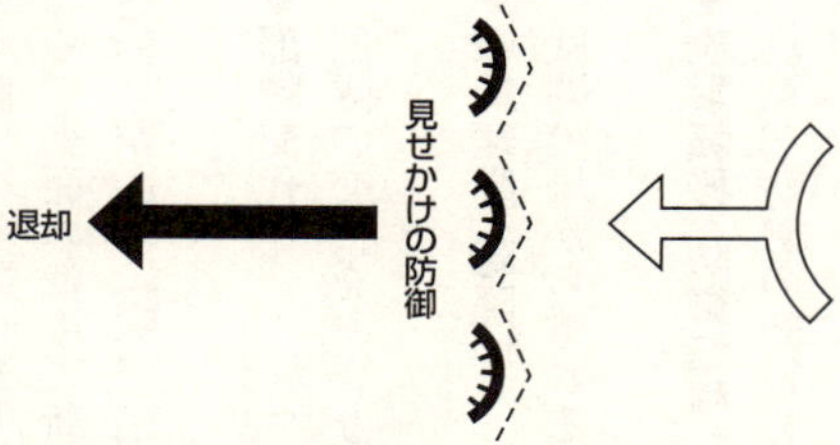

退却の場合、一番重要なのは最後尾である。そのため、もっとも信頼できる指揮官が配置される。

▶増援

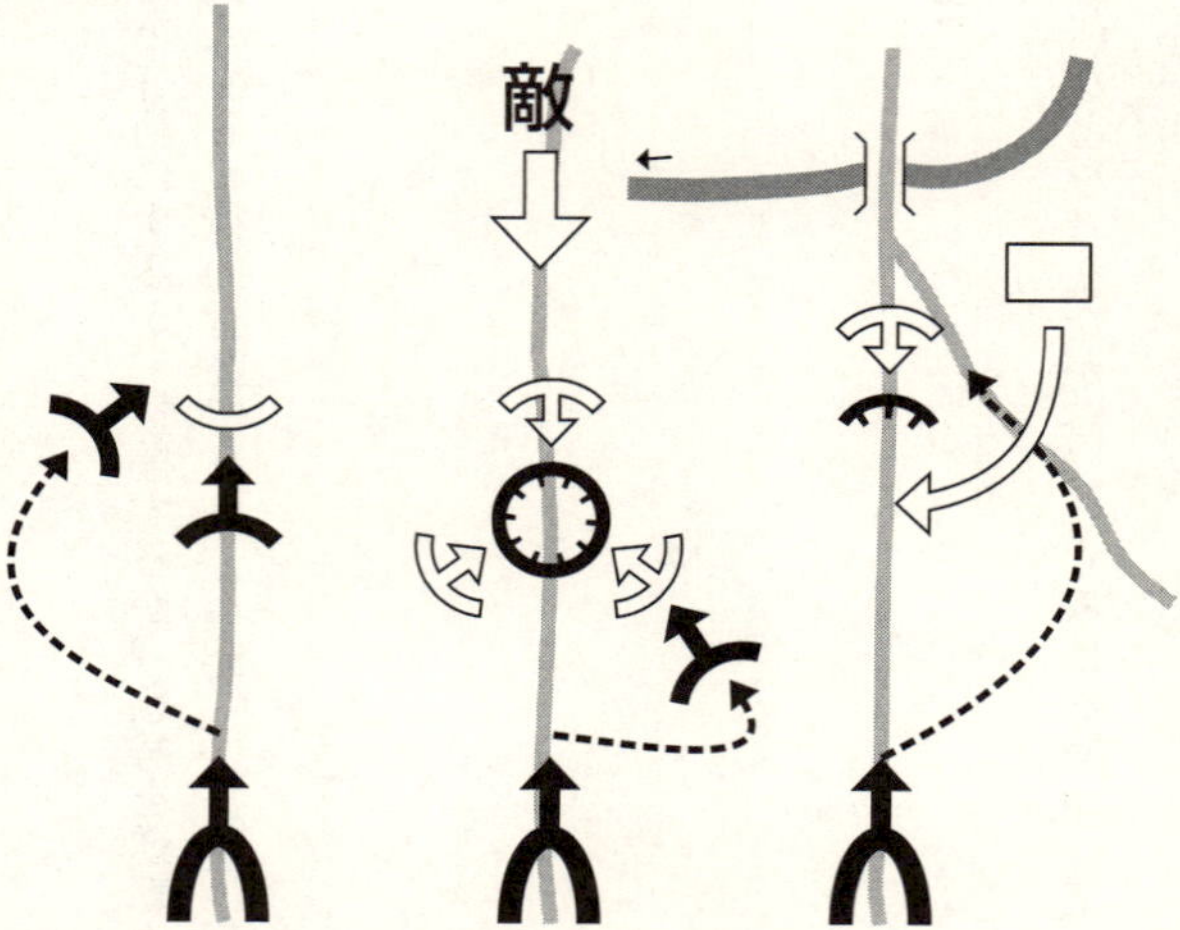

増援には、左から「増勢」「救援」「態勢逆転」の３つがある。

▼コラム『古代の兵站システム』

アレキサンダー大王の軍隊、ローマ軍は行軍、宿営、戦闘における兵站システムの基本的考え方を明確に区分していた。長距離の行軍では、長い段列を組み、戦士の「鎧」「盾」「矛」「槍」「糧食」「宿営資材」「築城資材」のすべてを段列が運搬し、戦士の体力を温存するとともに中央統制の強い補給を実施した。

戦闘が近づくにつれて、そのつど、「武器」「鎧」「盾」「糧食（十五日分）」「築城資材」の順で戦闘部隊に配分し、段列を一／三以下に縮小した。このため戦士の個人携行重量は三三kg～三六kgとなった（現代の自衛隊の完全武装における個人携行重量は、約二五kg）。

会戦が近づくと宿営の構成そのものが防御陣地になった。そのため、行軍時間をすくなくし、宿営地（防御陣地）構築に十分な時間をとることができた。

これは単に敵の奇襲に対処するためだけでなく、攻撃は、優れた防御基盤を根拠としなければならないことを承知していたからにほかならない。「攻撃と防御の関係は煉瓦（れんが）と目地の如し。永遠の防御に勝利なく、永遠の攻撃に衝力なし」（フラー）である。したがって、宿営地はつぎの攻撃行動を構想したうえで選定されたのだ。

▼コラム『戦力の予備の必要性』

マケドニアのファランクスやローマのレギオンの戦闘陣形における第三列目の横隊は、本来の意味での予備ではない。戦闘陣形の意義のなかで、その使命があらかじめ設定されているといってよい。

名将たちは全戦力の一／一〇以下の予備をたくみに配置していた。それは基本的に当初まったく用途を定めていない予備であり、勝敗分岐点において戦勢を決定的にするための予備である。

エパミノンダスはレオクトラの戦闘において最左翼に小さな予備を配置した。アレキサンダー大王はアルベラの戦闘においてカンパニオン騎兵の後方と歩兵戦闘陣形の後方に小さな予備を拘置した。この予備が敵の両翼の騎兵攻撃を阻止、拘束している。

ハイダスペスの戦闘においては騎兵を左翼から離して運用し、敵の包囲に対して、逆包囲のために投入し、戦力を節用している。ハンニバルはトレビアの戦闘において弟マゴに小さな予備を指揮させ、左翼から離しておいた。そして戦勢支配の転機に投入している。

シーザーはファサラスの戦闘において歩兵戦闘陣形の右翼後方に小さな隠し軽装甲歩兵予備を配置し、騎兵と協同させてポンペイの騎兵の撃破に投入して戦勢を決定した。このような予備こそ本来の予備といえよう。

第2章

基本演習〜敵と味方を考える21の質問

▼この章では、実際に問題を解きながら、さらにくわしく戦術の考え方を説明していく。戦術という言葉を意識せず、問題を解き、頭を柔軟にするというくらいの目的意識で、取り組んでいただきたい。

▼コラム『軍隊の階級とは何か？』

十八世紀初期、プロシャ建国功労者フレデリック・ウイリアム皇太子は戦陣において一人の少佐をよんで詰問した。

「なぜ、お前は作戦に失敗したか？」

少佐は「私は皇太子からの直命のとおり作戦しました。間違っていません！」

「階級はなんのためにあたえてあるのか？　命令違反するときを判断できる者にあたえられているのだ。規則どおり、命令どおりするだけなら、貴様は将校ではなく、兵士でよい」とウイリアム皇太子。

これ以来、軍隊の階級の意義は、この考え方が世界の常識となっている。

Battle 1　川はどこから渡るのか？

戦場にはいろいろな地形がある。しかし、戦場を地形的に区分する代表的なものは、河川と山脈である。まず、河川からはじめよう。河川を渡るのはA地点、B地点のどちらが有利か？

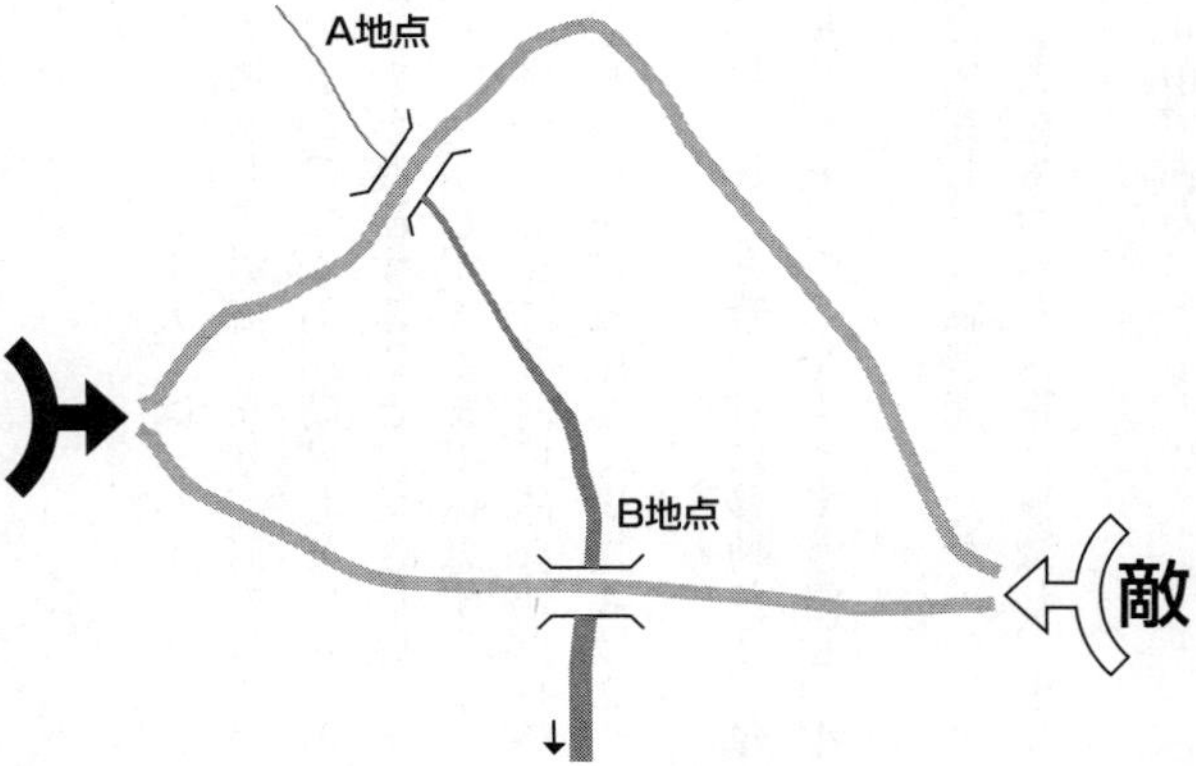

Ans.　A地点

BC三二六年四月、西部インドに進出したアレキサンダー大王は、ハイダスペス河畔に進出した。ハイダスペス河は大雨によって増水して激流となり、河を渡るのは困難だった。対岸にはインドのポラス軍約三万五〇〇〇が河川防御していた。

兵力約二万のアレキサンダー軍は、この激流を敵前渡河することはできない。アレキサンダーは渡河を強行するように陽動したり、河がしずまるまで休息するように見せかけてポラスの注意を惹きつけておいて、密かに上流に渡河可能な地点を発見した。アレキサンダー軍の陽動に対して、はじめは敏感に反応していたポラス軍もおざなりに反応するようになった。

五月、ポラス軍の油断に乗じて、嵐の夜に約半数の兵力を渡河点に移動させ、残余で陽動を続けるとともに、騎兵約六〇〇〇、歩兵約五〇〇〇をもって渡河し、夜明け前に完了した。

この奇襲に狼狽したポラス王は、左翼を河川に依託して戦闘展開したが、アレキサンダーの見事な戦術によって、約一・八倍の兵力をもつポラス軍は潰滅し、ポラス王は捕虜となった。

「障害は敵に遠く渡れ！」が原則で、A地点が正解である。

Battle 2　障害と敵があまりにも近い

河川を前にして「敵に遠いところで、障害を渡ろう」としても、適当な場所が発見できない場合がある。そのときは、強行渡河をすることになる。その場合、どの地点で渡るのが有利か？

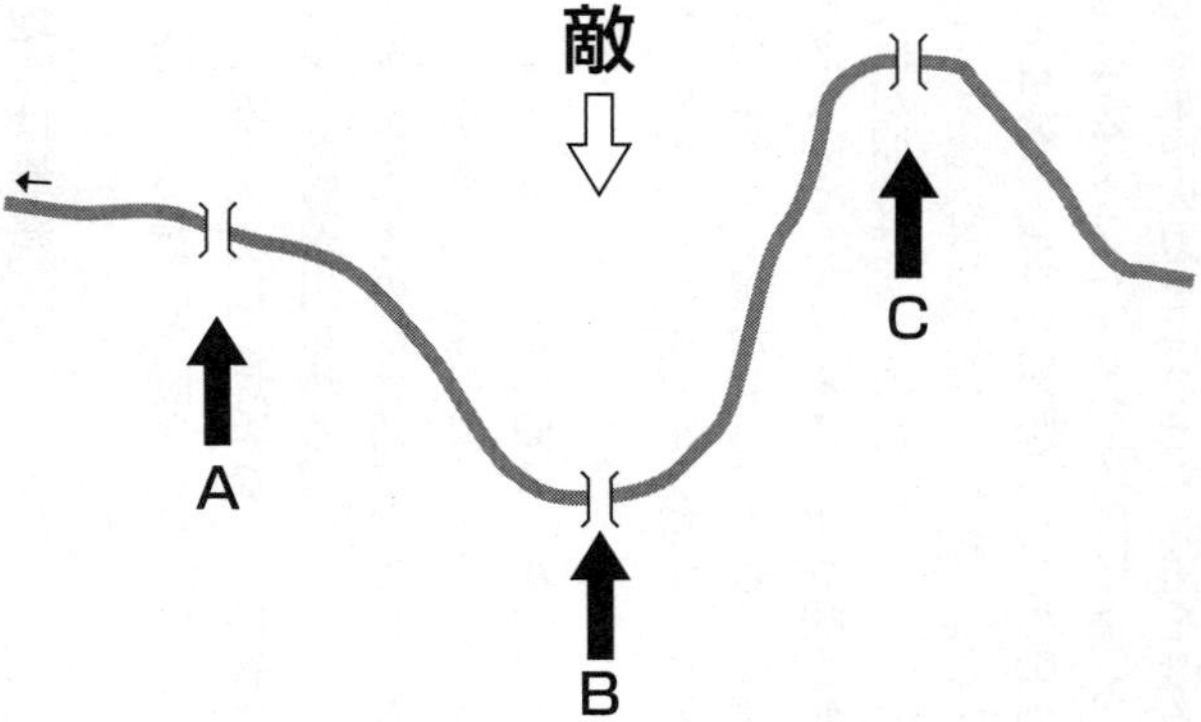

Ans.　B地点が有利である。ついでA地点。C地点は最悪。

強行渡河の場合も、偵察部隊は、事前に対岸に渡って、敵情を偵察し、河川内に設置されている障害を発見する。ついで工兵が、大火力の支援と煙幕などの援護により前進し、障害物を爆破などで排除し、最後に歩兵部隊が川を渡る。

今日、歩兵部隊は、水上航行可能な装甲車を装備しているのが普通で、これによって川を渡る。戦車にはシュノーケル装置もあり水中を走って渡ることもできるが、川底の土質が軟弱であれば、これは不可能になる。さらにこの間は、終始、敵に対する火力攻撃が必要である。

もちろん、戦車も川の味方側に展開し、射撃により、歩兵の渡河を支援することになる。川が味方側に屈曲しているB地点は、このような支援が容易になる。つまり、この場合においても、障害は敵から遠く渡れ！ということである。川を味方側に近いところで渡ると、左右からの火力による支援が期待できるのだ。

これはビジネスや外交において交渉(negotiate)する場合においても同様だ。むずかしい交渉のときには交渉会議の場所を、つとめて自分の会社の会議室、自分の国の会議場所に選定し、応援や提示資料を迅速に利用できるようにするのが原則である。

逆に渡る場所を敵側に近いC地点だと、両側から集中火力を浴びせられ川を渡るとちゅうで部隊が大損害をうけることになる。同様に考えれば、むずかしい外交交渉において、相手国に出かけて会議を開くのは愚かだといえる。

さて、歩兵部隊が対岸に到達すると、敵が、小銃や機関銃で直接射撃できない地点まで前進して、防御態勢をとり、戦車部隊の渡河を支援する（第一段階）。このような防御線を、第一次橋頭堡《きょうとうほ》（橋を守るために、その前方に築くとりで）とよぶ。

歩兵と戦車が合体すると、対岸の占領地域を拡大し、火力部隊がくるのを待つ。この橋頭堡を第二次橋頭堡とよぶ（第二段階）。つぎに、さらに橋頭堡を拡大し、兵站部隊を渡河させる。こうして、橋頭堡を完成するのだ（第三段階）。

この過程は上陸作戦も同様である。上陸作戦の場合には、海上からの砲兵の火力支援がないので、海軍の艦砲射撃、空軍の対地攻撃が、その代役をはたすことになる。

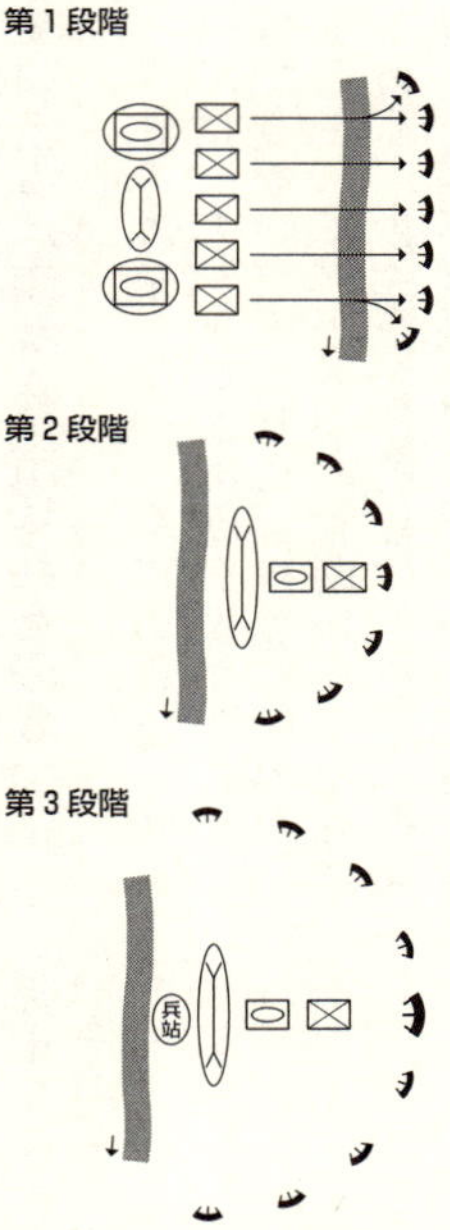

第1段階から、第3段階へと、だんだんと自分の陣地を広げていくのが有効だ。

▼コラム『森林・都市は兵をのむ』

森林の攻撃・防御、都市の攻撃・防御では、大規模な部隊が戦闘することはできない。あまりにも視界・射界が制限されて、小区画の戦闘になるからである。小区画の戦闘には、「前衛」「機動」「火力」を総合した、小型の部隊を数多く編制し、小さな戦闘を積みあげながら、勝利をめざすしか方法はない。

これは、攻撃側も防御側もおなじである。そのため、両者とも大兵力を必要とする。基本的には、敵が森林・都市にたてこもった場合は、そこでの戦闘を回避し、包囲して飢えを待つのが良策である。

もし、どうしても攻撃・防御するとなれば、一定の原則はない。森林・都市の特性に応じて、臨機応変な戦術をあみ出さなければならない。

都市や森林を燃やしたり、破壊すれば、そのあとが、戦術の障害になる。

Battle 3　守る場所を見つけだせ

河川において防御する場合には、どちらが有利か？

A・直接配備方式
B・後退配備方式

A．直接配備方式（川岸で防御）

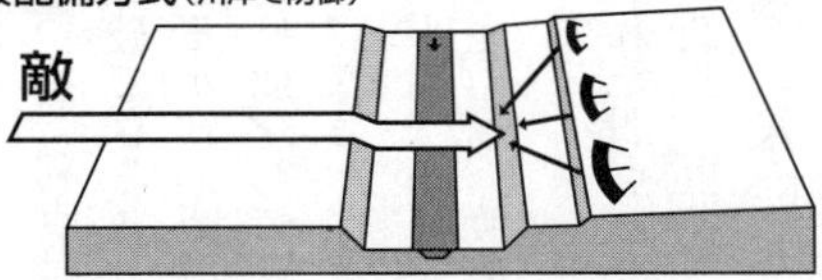

B．後退配備方式（川岸からすこしさがって防御する）

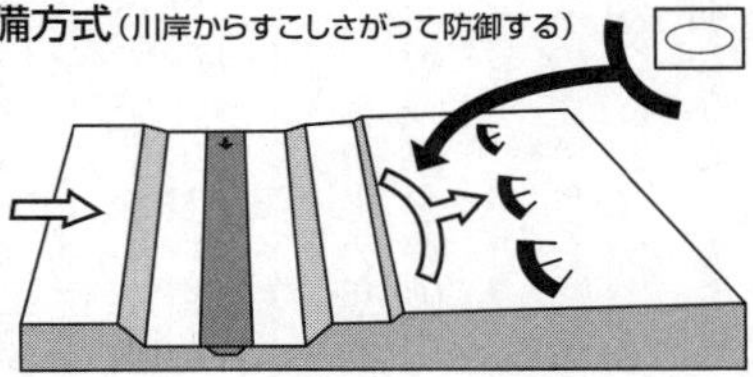

Ans. B・後退配備方式

Battle2の解答において説明したとおり、河川に直接陣地を配置したAでは、攻撃側が火力で徹底的に攻撃してくるので、有利ではない。もし、実施するならば、強力な築城（防御力）が必要となり、準備期間もいる。利点は、敵の歩兵の第一波を、戦闘力がほとんど発揮できない川のなかで撃破できることだ。

防御側は攻撃側を一歩も渡河させないことになるが、応戦によって発見された陣地はふたたび火力攻撃をうけるので、陣地阻止力は弱化していく。反対に、攻撃側の戦闘力は一部の損害をのぞき、維持されることになる。

一方、Bの場合は、敵の歩兵の渡河を許すことになるが、敵がしっかりした態勢をつくれないうちに、逆襲によって、敵の歩兵の主力と、渡河した敵戦車を撃破することができる。

すなわち、敵戦力が河川によって半分に分断された弱点に乗ずるのだ。さらに後退配備の陣地は、敵火力部隊に発見される確率が低く、生存率が高くなる。

河川の防御は「半分、川を渡った相手への逆襲（攻撃）」が原則となる。もちろん、この考え方は対上陸防御にも適用される。

Battle 4　屈折点における戦い方

敵と味方が、一直線の作戦線において出会う場合は、たくみな戦術をつかうことはむずかしく、力まかせの戦闘になる。

したがって、戦場の選定は、テクニックのつかいやすい作戦線がまがった部分（屈折点）がえらばれる。戦場は、この屈折点に先に到着した側が、主導権をにぎる。

作戦線の屈折点を利用して防御する場合、A〜Cのいずれが有利か？

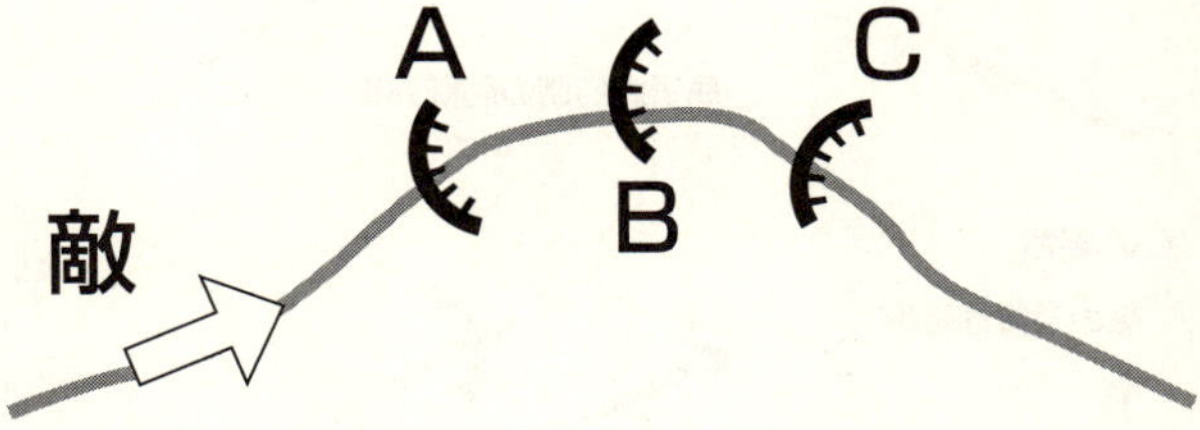

Ans.　C

戦闘部隊はいつも背後連絡線を引きずり行動している。この背後連絡線を断たれることは致命的である。Aのように、防御側が、屈折点より前方に出て、防御陣地をつくると、屈折点の内側から攻撃されて、背後連絡線を切断されるおそれが多い。それだけ、屈折点内側に対する防御配備を強化しなければならず、兵力をさかれることになる。Bは中途半端だ。一方、屈折点を前方にするCだと、このような配慮が不要になるばかりか、攻撃に転じた場合、逆に敵の背後連絡線にせまりやすい。したがって、相手側は、いつも屈折点の内側の防護に兵力をさくことになり、攻撃の主攻をこの方向に限定されることになる。よってCである。

Aの場合

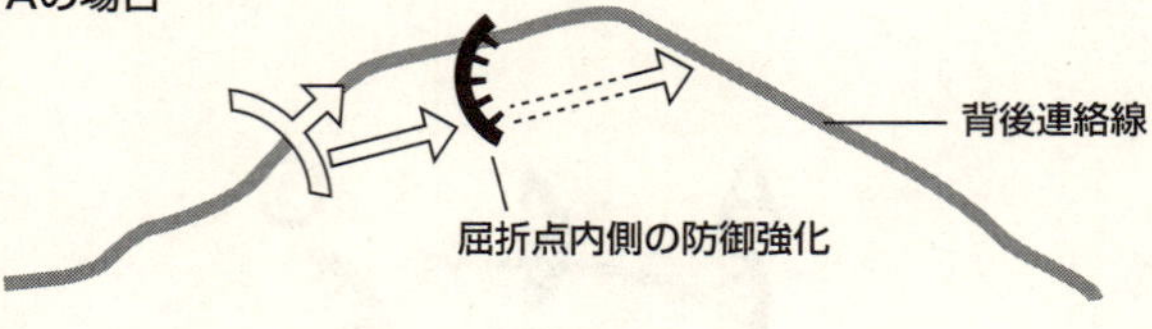

Cの場合

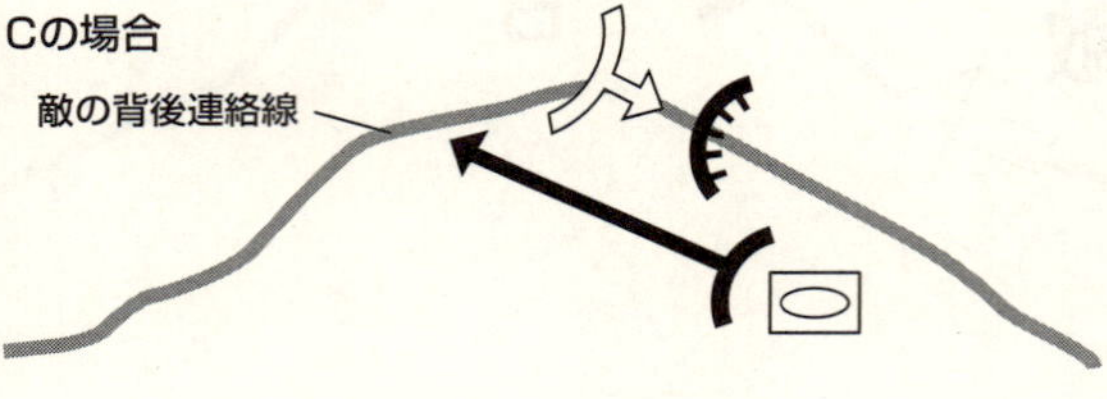

Battle 5　山と山にはさまれた隘路における戦闘

戦術においては「隘路《あいろ》」ということばがある。これは数本の道路が一本の道路になっている部分である（下図①）。

隘路が多いのは、山と山にはさまれた場所だ。しかし、そのほかにも、山がせまった長い海岸に沿う帯状の地域、大河と山にはさまれた地域、大きな湖と山にはさまれた地域などがある。隘路を形成する山は一般に徒歩部隊が通過可能であることが多い。

隘路は長さによってその戦術的意義がちがう。攻撃側の火力が一方の端から他方の端まで有効射程におさめられる短い隘路は、ここでいう隘路にはふくまれない。さて、②の隘路を利用する防御は、基本的にどれが有利か？

①

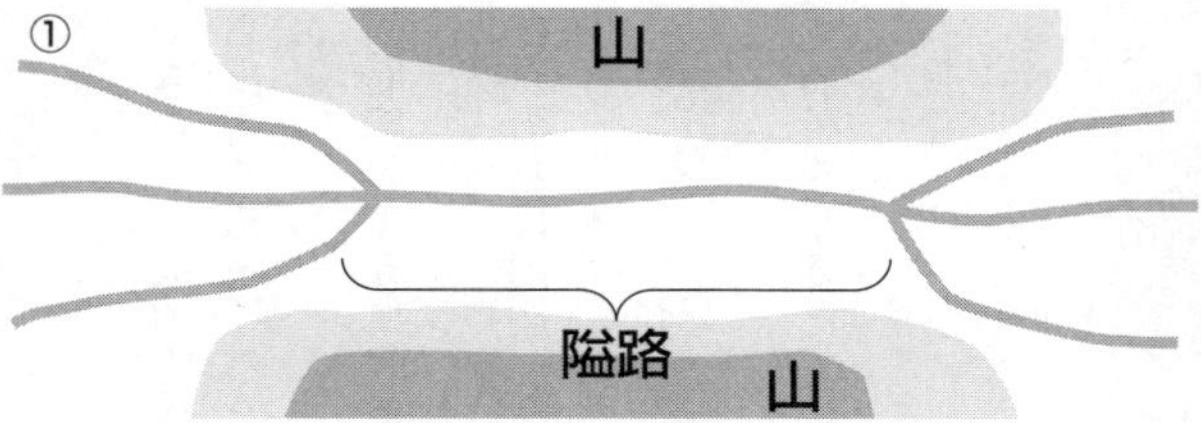

②

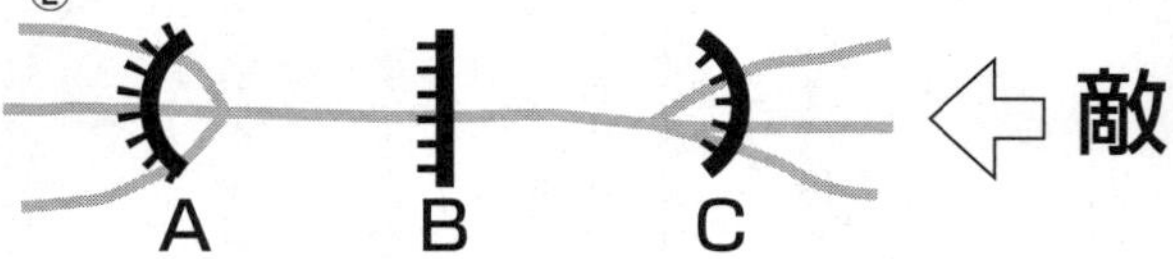

Ans. A

隘路のなかでは、戦闘部隊が有効に戦闘展開できない。火力支援も困難である。したがって、敵を隘路に閉じこめて、隘路から出てくるところを、横に広く戦闘展開したうえで、集中的にたたく、Aが最良である。

このため、防御側は、隘路の出口に対して、凹面鏡のように陣地をとることになる。このような防御を「隘路を前方にする防御」とよぶ。

逆襲は通常、一翼から攻撃する。この場合、ほかの翼は開放しないまでも、弱点を見せるくらいのほうがよい。すると敵は、なんとか隘路から出ようとあせりだす。〝くだ〟から槍が出てくるのをまって、出てきたところを横から切りとるように、攻撃することが、可能になる。

B、Cの正面からの逆襲は、隘路という地形の特性を生かしていないので、最悪である。

Battle 6　最初に進出させるのは戦車か？　歩兵か？

隘路を前方にして防御（Battle 5　Ａのケース）をしている敵に対して、攻撃する場合、最初に前方に進出させる部隊はどちらが適切か？

Ａ案：戦車部隊
Ｂ案：歩兵部隊

Ans.　B案

隘路を前方にする防御の配備は、前述のように凹面鏡のように展開する。その場合の弱点は、両翼であり、陣地配備兵力が薄くなることである。

なぜなら、防御側は一般に兵力が十分でないのが普通だ。しかし、半円形の陣地は正面が広くなり、やがて突進してくるであろう敵戦車部隊に対処するため、十分な逆襲兵力を用意しなければならない。兵力がいくらあっても足りないのだ。

つまり、多くの場合、隘路を前方にする防御は、兵力不足におちいりやすい。さりとて、半円形の半径を小さくすると、隘路を前方にする利点が減少する。

また、隘路を形成する地形が、両方または一方が山である場合、隘路を前方にする防御は、低地から相対的に高地に向かい防御することになる。逆に隘路に進出する敵は、速い速度で移動できる。すると、防御側は、中央に防御戦力を重厚に配置し、両翼の配備兵力が薄くなりやすい。そこで、攻撃側は、徒歩歩兵で隘路を形成する山地に移動し、防御側の翼側陣地を攻撃し、占領して、防御側の中央を平地に孤立させる。ついで、一挙に戦車部隊を突進させて、中央陣地を突破することになる。この場合、しばしば逆襲部隊と激突するので、十分な戦車が使用できるようになるまで、小部隊を突進させないことである。つまり、解答はB案になる。

Battle 7　複雑性の高い日本の地形

日本の地形は大陸諸国にくらべて複雑性・小区画性が高い。

平均約四〇㎞四方の平地（海岸平地または盆地）が、縦深約四〇㎞の隘路によって接続されていて、隘路は文字どおり、主要道路一本、鉄道一本しか通じていない。

そのような地形の場合、師団級の作戦部隊が、ひとつの平地から隘路を越えてほかの平地に移動するためには、まず、先遣部隊（旅団級）を派遣して、隘路の出口を確保させることになる。

このような任務をうけて派遣される先遣部隊は、隘路の先方出口において防御することになる。このような防御を「隘路を後方にする防御」とよぶ。この場合の戦闘陣地線はA～Cのどれが最良か？

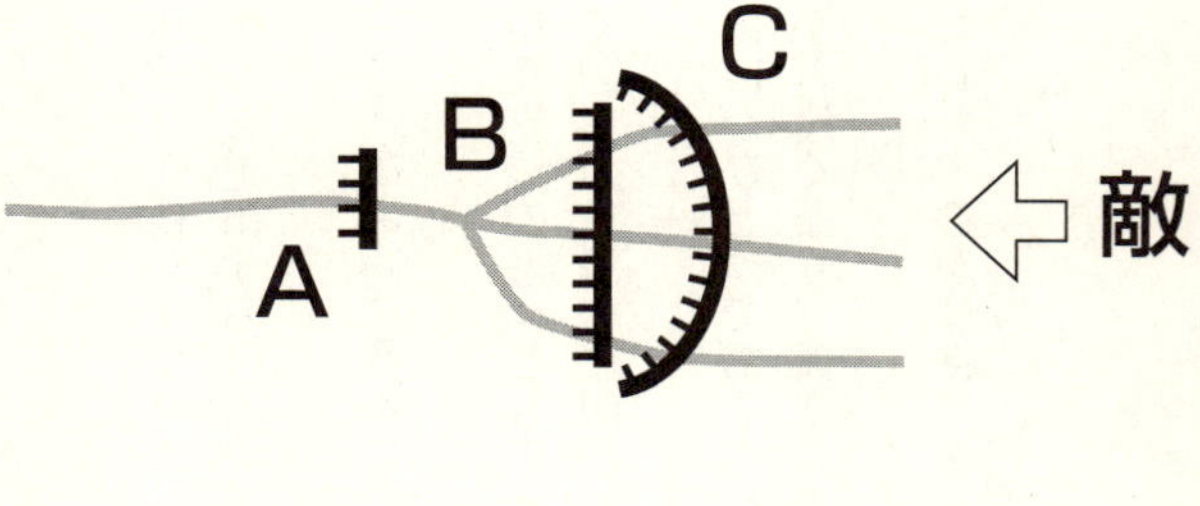

Ans.　C

隘路を後方にする防御の欠点は、部隊が戦闘展開する地域の面積が少ないことである。防御部隊が隘路内のAのあたりで展開すると、後方から進出する主力が通過困難となるか、混雑して敵火力の絶好の攻撃目標となる。

そのため、できるだけ前方に出て防御陣地を構成したほうがよい。BかCである。

防御陣地は、横方面の相互支援を重視する。横方向の相互支援のもっとも密度が高く、強固な陣地は横一線にするBである。いちばん短く、兵力を濃密に配置できる。

しかし、隘路を後方にする防御では、戦力を供給する出口がひとつであるため、横一線的な陣地配備にすると、両翼の陣地が戦力供給点から遠くなり、孤立しやすい。すなわち、両翼が弱点になるのだ。

そこで防御陣地の形は、凸面鏡型がベストになる。すなわち、Cが最良である。

Battle 8　隘路を後方にする敵への攻撃

Battle 7 とは逆に隘路を後方にして防御している敵に対して攻撃する場合、A～Cのどの方向から攻撃するのがよいか？

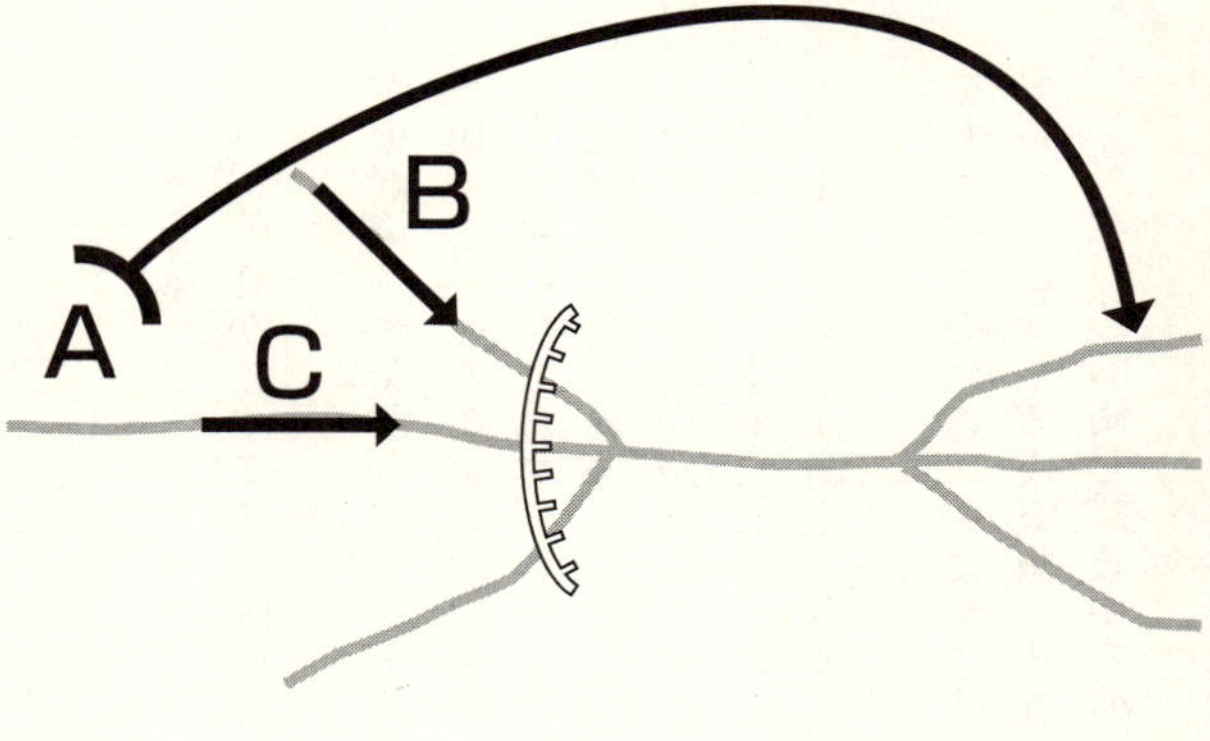

Ans. B

隘路を後方に防御している敵に対する攻撃は、スピードを第一とする。ゆっくりと着実に攻撃すると、敵はしだいに隘路内にもぐり込み、陣地がますます堅固になっていく。

Aは最低である。なぜなら、敵は隘路における防御を継続させながら、主力を進出してきた攻撃部隊に、向けることができるからだ。山間を越えるので、攻撃部隊は戦車などの重戦力を移動させることは困難で、火力も、距離が離れすぎているため、十分に支援できない。Cは、しばしば敵を堅固な地形に正面から押し込むことになりかねない。隘路の両側は中央の地形より高地となっている場合があり、攻撃に失敗すると、両側から（高地から）はさみ撃ちにあうこととすらある。Bは、いわばビンのふたをこじあける方法である。一翼を崩すと、中央の部隊が耐えきれず、他翼が孤立する。これがベストである。

巧妙な戦術家は、主力から遠く離れた一部の部隊をもって中央部をニセ攻撃させて陣前出撃（防御陣地から前方に出て攻撃すること）を誘う。こうして攻撃側は防御側を隘路から引き離す。そして主力を急進させて、一翼から防御側を撃破するのだ。

Battle 9　時間をひきのばそうとする敵

隘路のなかにおいて防御側は、十分な戦力を発揮できないが、敵も十分な戦力を発揮できない。このような隘路においては、決定的な戦闘とならず、時間のかかる小さな戦闘の連続となる。

防御側は「防御」という戦術行動だけでなく、いたずらに時間をひきのばす「遅滞行動」をするのが普通だ。このように、隘路で遅滞行動をする敵を撃破するには、Ａ案～Ｃ案のどれがベストか？

Ａ案：隘路の遠方（敵側）の出口に空挺・ヘリボーン部隊を降着させて一挙に捕捉する。

Ｂ案：目前に防御している敵の後方に空挺・ヘリボーン部隊を降着させ、正面から戦車などをもって攻撃する。

Ｃ案：隘路を構成する両側の地形から歩兵部隊を迂回させ、包囲して撃破する。

Ans. B案

A案は、Battle 8のA案と同様の失敗を犯しかねない。C案は、敵の思うツボにはまることになる。なぜなら、遅滞行動する敵は「時間をかせぐ」ことを戦術目的にしている。

歩兵が、徒歩によって敵陣を迂回しようとすると、大変な時間を消費する。敵は、遅滞行動という目的をはたせたので、その動きを知れば、さっさと、つぎの準備をした陣地に退却してしまうだろう。

B案のように、当面の敵の背後をしゃ断し、戦車などを攻撃撃破し、敗走する敵に跟随《こんずい》して前進すれば、敵は、つぎの準備した陣地を占領することが困難になるばかりか、事前に配備していた戦力をつかっても、味方の後退にまじってくるこちらの攻撃部隊を、阻止できなくなる。

遅滞行動する敵を撃破するコツは、その頭を素早くつかまえ、その敵を撃破することなく、退却するその敵といっしょに、前進することにあるのだ。

Battle 10　森林において危険な場所

森林の防御において危険な場所は、Ａ、Ｂのどちらか？

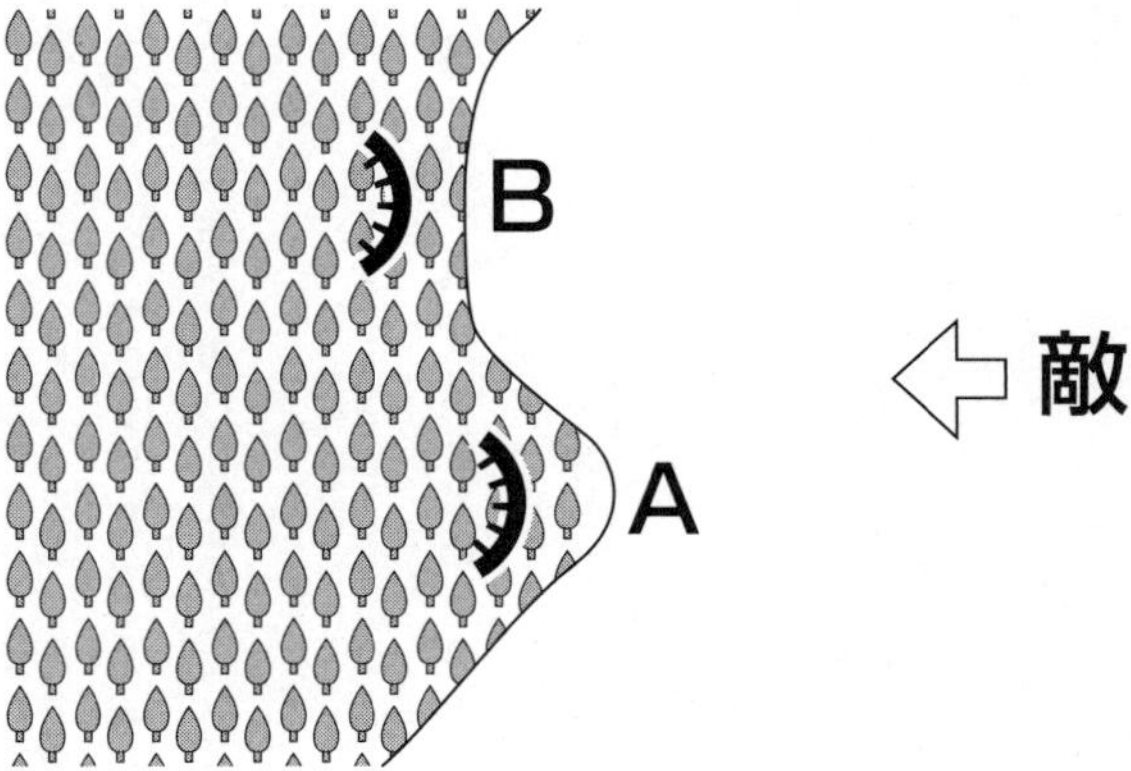

Ans. A

Ａである。森林の外側（前方と両側）から火力の集中をうけてしまう。ただし、Ａ点のような凸角部が、堅固な障害にかこまれている場合（三方向が崖にかこまれている場所など）は利用価値が大きい。

Battle 11 「主力」と「支隊」

戦術は、ひとつの部隊の戦闘だけではない。ふたつ以上の部隊の戦闘を巧妙に組みあわせて、実施する戦術がある。それは一般に「主力」と一部の「支隊」に分けられる。支隊の編成は、「前衛」「機動」「火力」「兵站」のすべての機能をそなえた、小型の部隊である。いわゆる「独立的」に作戦する部隊である。

支隊は戦車部隊を中心として編成される場合と、歩兵部隊を中心に編成される場合がある。前者は戦闘の決定的時機に敵の背後、翼側を襲撃することができ、後者は、敵の有力な戦力が主力といっしょにならないように、牽制・抑留することができる。

さて、有力な「支隊」で、敵を包囲する場合、A～Dのどれが適切か？

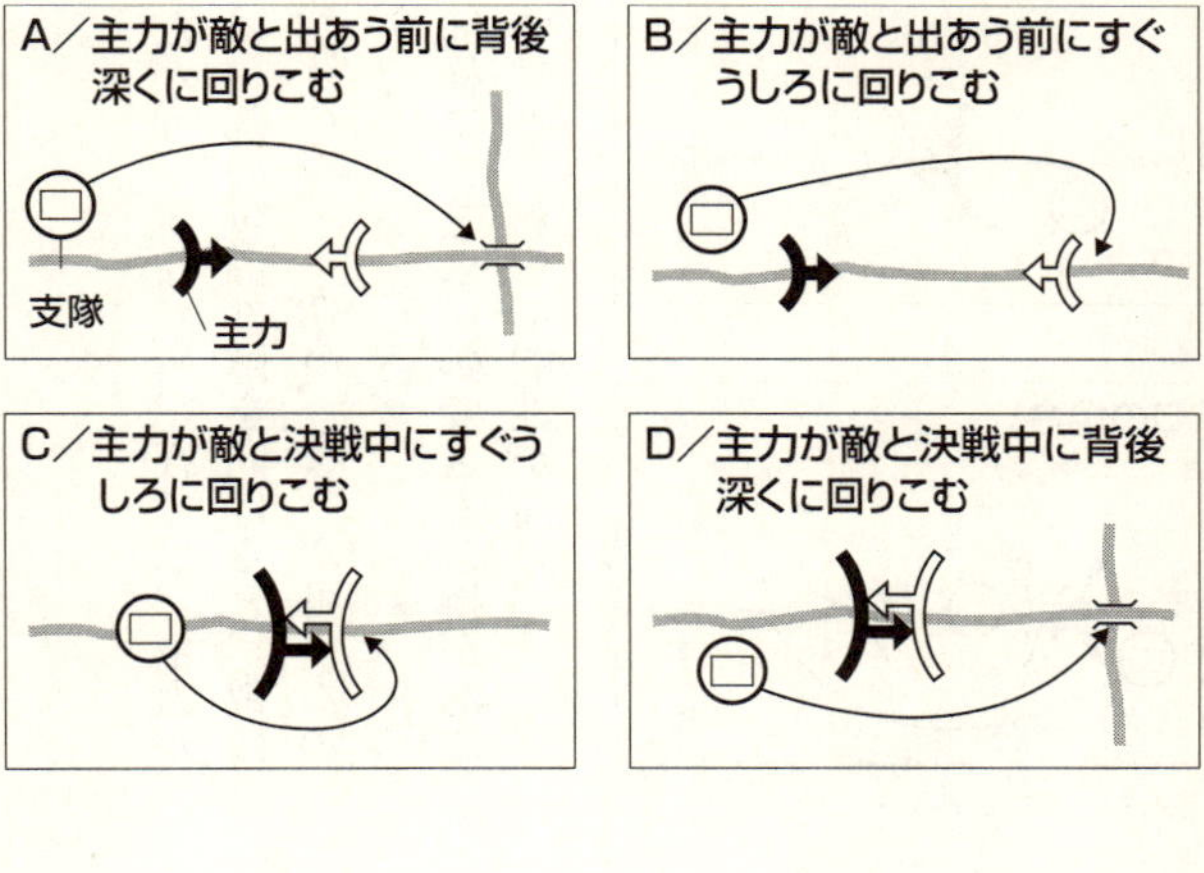

Ans.　C

戦史の格言「遠しは遠く、近しは近く」にしたがう。すなわち、Aでは、主力がまだ戦闘を開始していないので、敵の背後深くに一部の包囲部隊を向けると、敵は有力な予備、または主力を対処に派遣する必要がある。しかも、それが可能なのだ。

Bでも、主力は戦闘を開始していない。Aと同様に、敵は対処できる余裕があるので、包囲に派遣した部隊は、敵の主力によって撃破される可能性が高い。

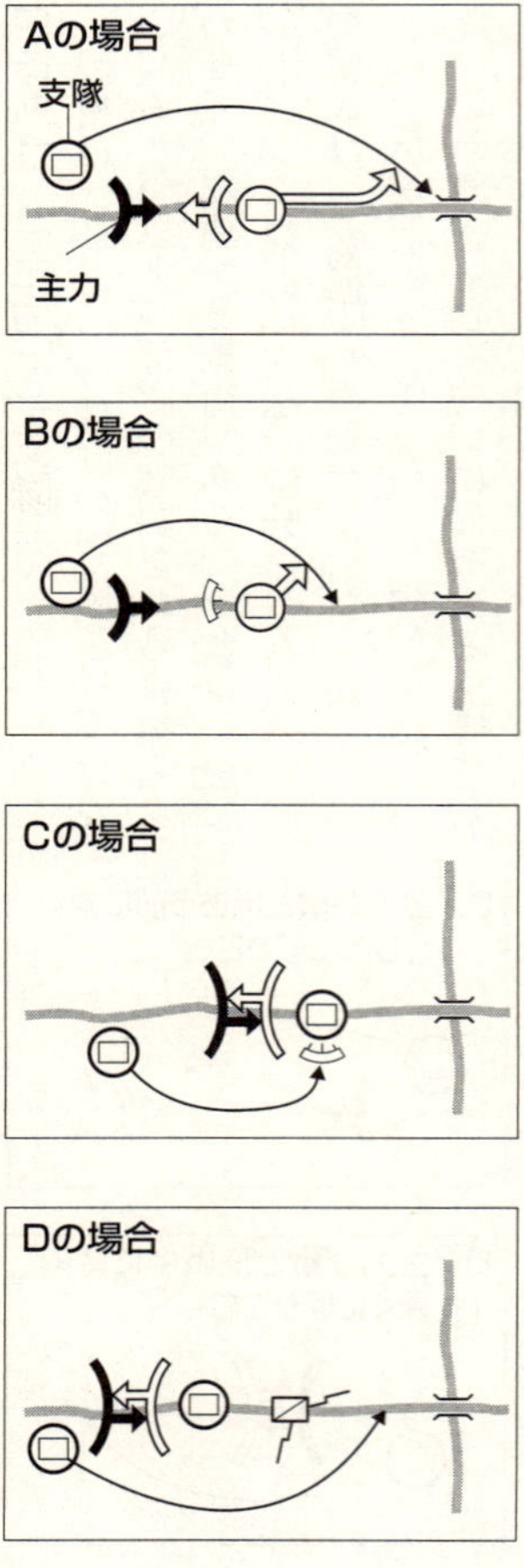

Dでは、主力が決戦中であるので、敵は決戦に全力を投入し、一部の包囲部隊を無視する。すなわち、派遣した包囲部隊は、ムダな遊兵となる。

Cでは、主力が決戦中であるので、包囲がきわめて有効となるのだ。

▼コラム『山地の戦闘は独立的戦闘』

深い山地において、相互支援ができないほど離れていて、八〜一〇km くらい数本の山間道路がひとつの平地から他の平地につながっている場合、一本の道路に頼って山地を越えることは、きわめて危険である。

山地の出口で、先頭が集中攻撃をうけることになり、後続部隊は山中に閉じ込められることになる。また山中において、敵の防御に遭遇すると、先頭部隊だけが戦闘し、残余の部隊は遊兵となって、同じく山中に閉じ込められる。

山地における攻撃防御は、市街地ほどではないにしても、視界、射界がかなり制限をうけるうえ、機動が制限される。そのため、戦闘は比較的小部隊の戦闘が中心となり、歩兵部隊が戦闘の主役になることは間違いない。火力部隊も集中運用することはむずかしい。

したがって、山地における作戦においては、数多くの道路を使用して、それぞれ独立的に戦闘できるような編成に切りかえるのが通常である。

Battle 12　まじわる三本の作戦軸

これまで、一本の作戦軸に沿う戦術を、基礎的にみてきた。ここからは、三本の作戦軸がまじわる場合について考察する。

外線側に立つ部隊の作戦を「外線作戦」とよぶ。内線側に立つ部隊の作戦を「内線作戦」という。作戦においては、外線作戦が有利である。

たとえば、下図①のようにX、Z、ふたつの部隊の力があわさり、攻撃できるからである。そのため、戦略では、できるだけ外線の態勢がとれるように作戦を計画する。

しかし、内線側にも戦術がないわけではない。まず、防御する場合を考えよう。

下図②でA～Cのどの位置が防御に適切か？

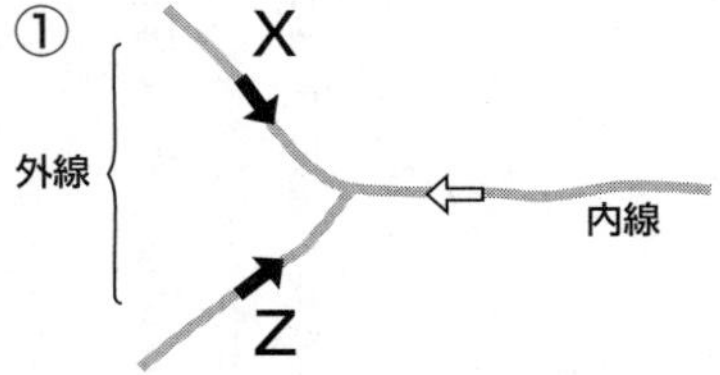

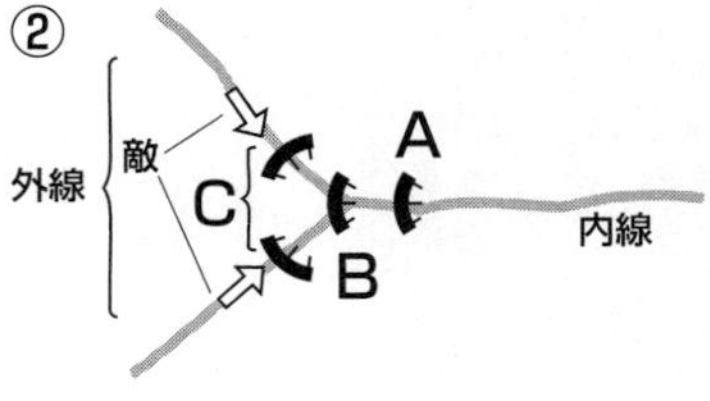

Ans.　A

Aである。攻撃側の戦力合流が中途半端で混乱しやすいからである。Bは両方向からの敵の集中攻撃をうける。Cは各個に撃破される危険があり、かつ一方の防御陣がくずれると、相互支援ができないので、他方の防御に影響を全面的におよぼす。

▼コラム『燕返しの戦術』

内線にたつ側が外線にたつ敵を撃破する戦術があるが、これはむずかしい。

ナポレオン（N軍）もワーテルロー方面から接近するウエリントン軍（W軍）とリエージュ方向から接近するブリュッヘル軍（B軍）のなかにたって、まず、ブリュッヘル軍を撃破し、返す刀でウエリントン軍を撃破しようとしたが、失敗した。

一部の支隊をもってウエリントン軍を拘束し、主力をもってブリュッヘル軍を攻撃して撃破し、ついで、軍を返してウエリントン軍を攻撃し、撃破することを考えたのだ。

この戦術の成功のためには最初に撃破する目標（敵）の選択をまちがわないこと、最初の敵を確実に捕捉できること、迅速に撃破できること、この間、もう一方の敵を確実に拘束することなどが必要な条件となる。これだけの条件を満たすことはむずかしい。しかし、成功すると、こちらの倍の戦力の敵を、各個に撃破することができる。

なお、最初に攻撃する敵を選ぶ条件は「危険な敵」「近い敵」「撃破しやすい敵」のなかから地域の特性、敵指揮官の

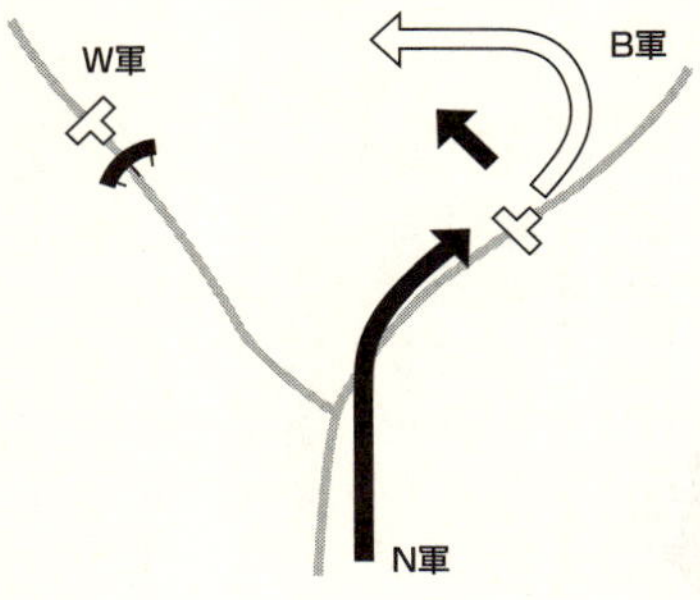

性格、戦術能力から慎重に判断しなければならない。

しかし、内線作戦は敵を決戦に引き込むことが出来る最良の作戦でナポレオンの極意であった。

Battle 13　突破における「助攻」

これまでは各種地形における戦術を、経験則にもとづいてとりあげてきたが、今度は、個々の戦術的行動（攻撃、防御など）について原則的な経験則をとりあげていく。まず、攻撃についてだ。

攻撃においては通常、攻撃部隊を「主攻（目標に対して十分な戦闘力をもつ部隊）」と「助攻（主攻が動きやすいように補佐する部隊）」と「予備（臨機応変にどこの作戦にも参加できる用意がなされた部隊）」に区分する。中央突破をおこなう場合、助攻の位置はA案、B案の、どちらが適切か？

A案

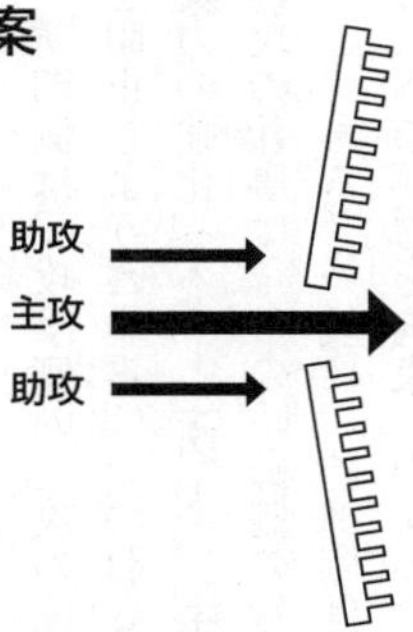

主力と助攻の位置が近い。

B案

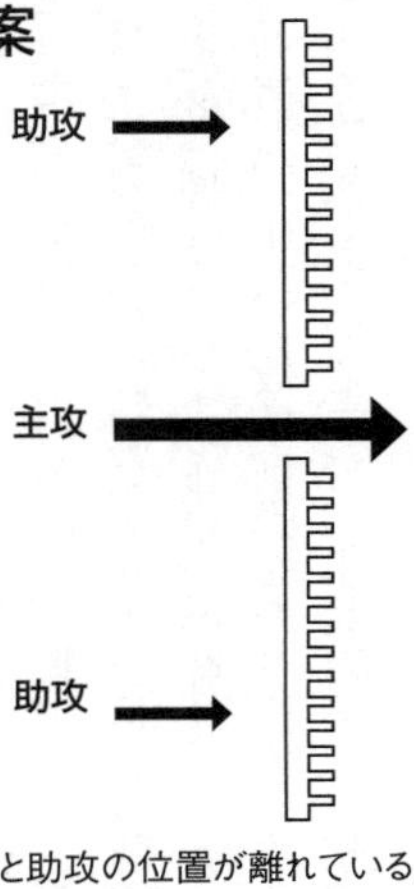

主力と助攻の位置が離れている。

Ans.　A案

防御側は、攻撃側の主攻の位置を判定したら、全力をその突破点に集中し、主攻を阻止しようとする。そのおもな手段には「火力の集中」「配備の変更」による防御兵力の強化（次ページ図①）、「予備による逆襲（図②）」による攻撃力の強化がある。助攻の仕事は、この防御側の対抗措置を妨害し、主攻の攻撃前進をやりやすくすることである。一般に、防御側は事前に陣地を構築しているので、小兵力で、攻撃側の大きな兵力を拘束しやすい。

B案は一見、兵力の分散により、敵の反撃を制限できるように感じる。しかし、防御側は、小兵力で簡単に攻撃側の助攻を拘束し、そのあと、攻撃側の主攻地点に兵力を集中することもできる。結果的にBの助攻は「遊兵」になる可能性が高い（図③）。A案は、防御側が兵力を攻撃側の主攻地点に集中しても、攻撃側の主攻に対応する前に、助攻に妨害されて、うまく攻撃側の主攻に接近することができなくなる（図④）。A案が経験則として妥当だ。「突破における助攻は、主攻に近く」が正解となる。

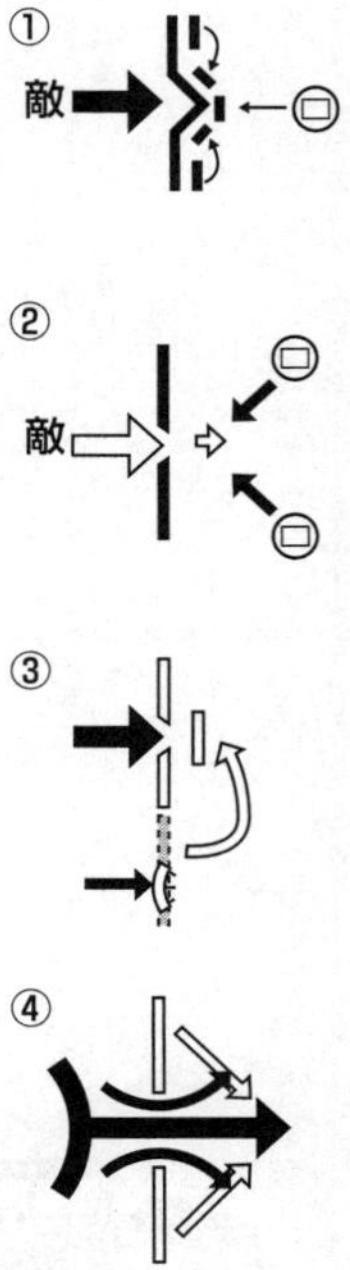
①
敵
②
敵
③
④

▼コラム『装備がものをいう積雪寒冷地・砂漠の戦闘』

このような地形においても、戦術は一般の地形と同様であるが、積雪・寒冷地用、砂漠用の装備がなければ、戦術は成り立たない。

両者に共通しているのは、雪も砂も地耐力が弱いので、人員・車両の接地圧を低くすること。方向の維持が困難であるので、個々の隊員・車両の方向測定装置はもちろん、戦場全体に適切な標定点を配置すること。燃料・水の補給を十分におこなうことなどである。

Battle 14　包囲してからの攻撃

包囲機動による攻撃において、助攻はA案、B案の、どちらの位置が適切か？

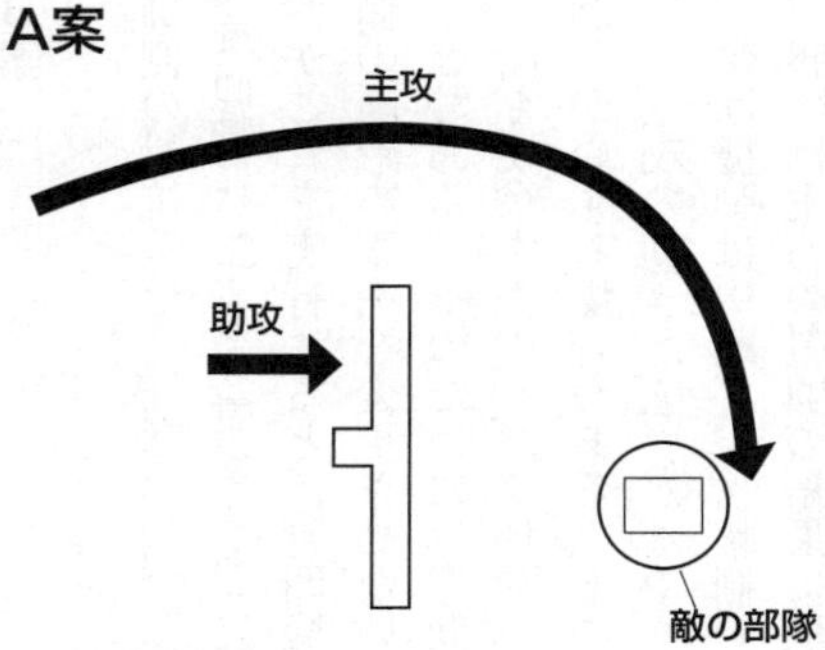

主攻と助攻の位置が近い。

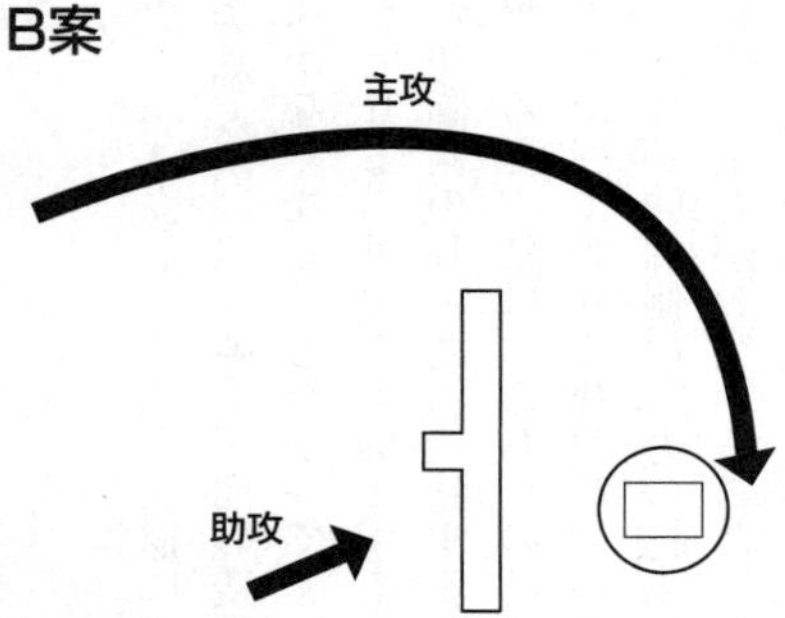

主攻と助攻の位置が遠い。

Ans.　B案

防御側の対抗策は、「陣形正面の変更」「延翼」「守勢鈎形（陣形を鈎形に曲げる）」「包囲旋回軸に対する攻撃」がある。もっとも有効なのは、「陣形正面の変更」だ。防御側がこれを実行すると、包囲機動する意味がなくなる。したがって、攻撃側は防御側の陣形の正面を変更させないことが重要となる。助攻の目的は、これを達成することである。そのためには、助攻は主攻が防御側の側背面に機動する間、防御側の正面を攻撃することだ。B案の部分を攻撃すると、敵は、こちらの助攻を主攻だと勘ちがいする場合がある。そのスキに、主攻が、まわりこむのだ。A案だと、反対に、主攻の動きが感づかれやすい。万一、助攻が防御側の主力の拘束に失敗すると、包囲機動は失敗し、攻撃側の主力と防御側の主力が激突することになる。しかし、勝敗は主力の戦闘の結果に依存するので、戦術全体の失敗にはならない。助攻は積極果敢な攻撃を実行することが、可能であるし、のぞまれる行動でもある。

陣形正面の変更

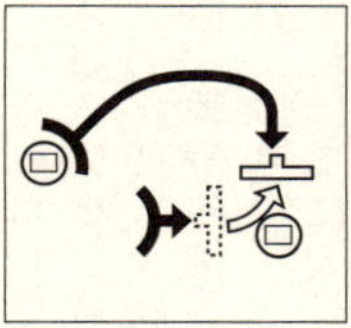

延翼

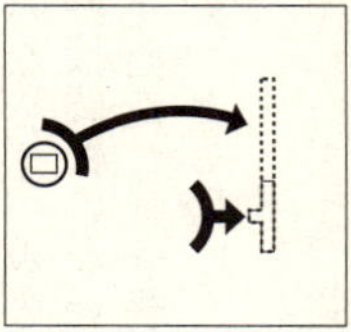

守勢鈎形

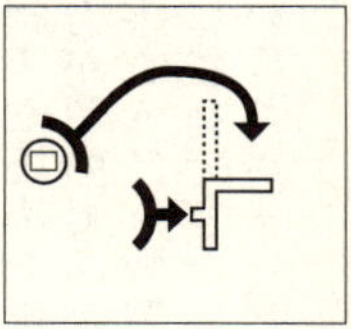

包囲旋回軸に対する攻撃

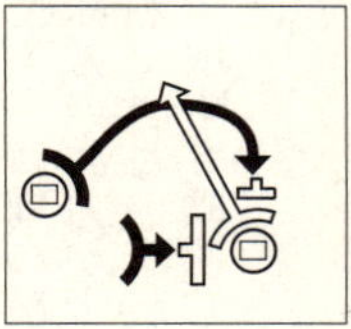

▼コラム『都市や工場は破壊の目標ではない』

第一次世界大戦後、イタリアのドウエー将軍は、航空部隊の第一の目標は「敵の都市・産業」であるとの理論を展開した。世界の軍事航空界は、この理論を空軍育成のために活用した。そして第二次世界大戦において、世界の空軍は、戦略爆撃を多用した。しかし、現在ふり返ってみると、戦略爆撃は相手国の戦争継続能力をいちじるしく打撃したが、直接の作戦にはたいした影響をあたえなかった。

戦略爆撃には、多くの犠牲を必要とした。それは攻撃側のみならず、被爆するほうには、戦闘に直接関係のない多くの民間人の犠牲者が出た。戦争終了後、戦争の後遺症をもっとも残したのは、戦略爆撃であった。

それは単に大量破壊のみならず、強い敵意をのこした。戦略爆撃は、軍事力の行使が戦争の政治目的を超えていたのだ。「戦争は政治の延長である」「戦争は他の手段をもっておこなう政治行為である」というクラウゼヴィッツの理論に、反していたといってよいだろう。

世界の軍事界は、ふたたびドウエー理論の呪縛から離れようとしている。すなわち、航空爆撃、ミサイル攻撃、砲撃などの火力攻撃の目標の第一は民間目標、都市目標ではなく、相手の軍事力を直接打撃することであり、戦術の場では、敵の火力部隊と機動部隊であるということである。

都市や工場を破壊しても、目前の敵戦力が頑強であれば、味方の兵力が大損害をうけ、戦闘に勝利できない。戦闘に勝利できなければ、戦略も成功しないことになるのだ。

Battle 15　攻撃か？　防御か？　遅滞行動か？

攻撃側が有力な包囲機動をする場合、防御側は逆に攻撃側の助攻正面に対して攻撃に出る場合がある。

たとえば、第一次世界大戦においてフランス側は、ドイツ軍に対してアルザス・ロレーヌ正面から攻撃に出ようとした。

この場合、攻撃側の助攻の行動は、

A案・攻撃
B案・防御
C案・遅滞行動

のどれが有効か？

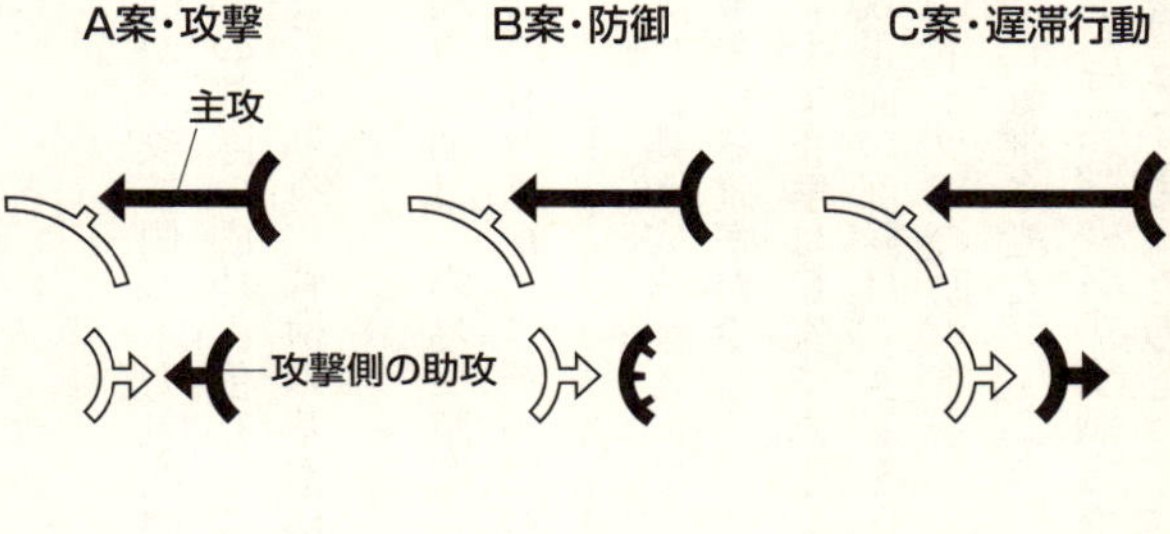

Ans.　C案・遅滞行動

防御側にとってのこの戦術の成功とは、防御側の一部が、攻撃側の主力包囲部隊を拘束することである。すなわち、作戦の成否は、一部の部隊の成功に依存している。戦術においてこれはきわめて危険で、愚かなこととされる。戦術の基本は、「主力をもって敵主力の弱点を撃つ」ことだからだ。

防御側がこのような愚挙に出た場合には、攻撃側の助攻正面は〝容易に撃破されないこと〟が第一の目的になり、〝攻撃に転じた防御側を不利な地形にさそいこむこと〟が第二の目的になる。

A案は敵に撃破されやすく、B案は敵の主力と助攻との距離が安定するので、敵にとって都合がよい。これに対して、C案は、敵に撃破される確率が少なく、敵主力と敵助攻との位置関係を変化させることができる。よって正解はC案である。

問題文でもふれたが、第一次世界大戦のドイツ軍助攻正面の部隊は、A案を採用したため、フランス軍はただちに攻撃を中止して、逆にドイツ軍の助攻軍を、一部の戦力で拘束し、主力をドイツ軍の主力包囲部隊の方向に転進させた。

これによって、ドイツ軍主力とフランス軍主力が激突するマルヌの会戦となった。ドイツ軍の包囲機動の戦術は失敗し、戦線がこう着してしまったのだ。

Battle 16　突破点はどこにする？

突破において突破点の選定は重要な判断事項である。
A案、B案のどちらがよいか？

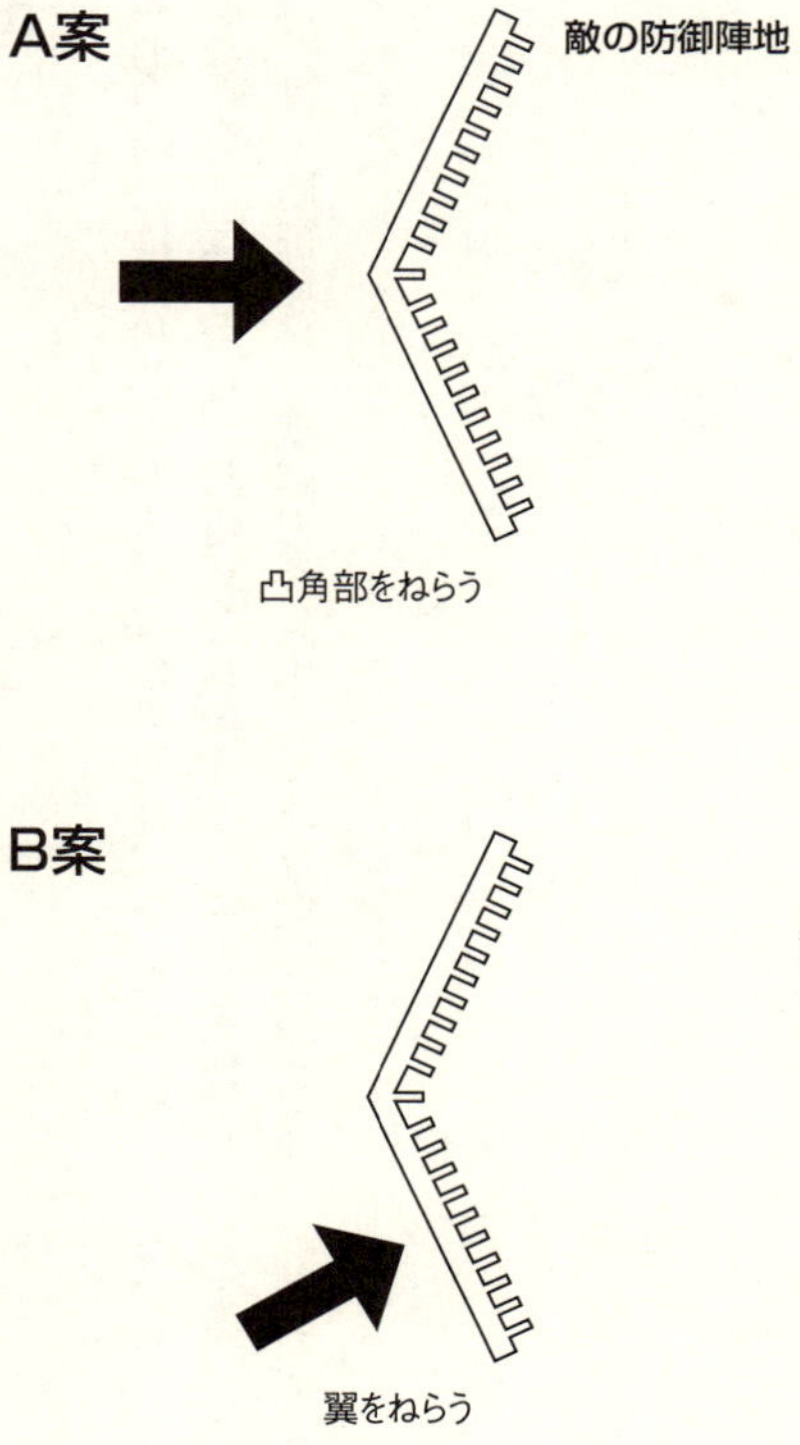

Ans.　A案

防御陣形の弱点は凸角部である。この場所は、防御側両翼のはじからの火力支援が困難だからだ。はじから、凸角部をねらうと、味方を攻撃してしまう。これに対してB案では、防御側は、戦闘力を集中して攻撃側を攻撃できる。よってA案が正解となる。

▼コラム『築城』

城の基本的な築城思想は、古代から十六世紀のはじめまでほとんど変化しなかった。その基本要素は「城壁」だ。大砲の出現で城壁が簡単に破壊されるようになると、城壁から「塹壕」に変化した。十七世紀になると小銃の威力が増大したため、塹壕の構築思想が進歩し、斜射・側射をとりいれた稜郭城が一般的になり、野戦築城にも応用された。稜郭城の一例は函館にある〝五稜郭〟にみられる。

「塹壕」はやがて大量の火力の集中で損害が多く出るようになると、一人〜二人が入る「たこツボ」に変化した。たこツボ陣地の欠点は兵力の移動が困難なことだ。そのため、たこツボを連接する交通壕がつくられるようになった。同時に大砲や航空機による上方からの攻撃と偵察に対処するため、防護力のある屋根「掩蓋（えんがい）」をかぶせるようになった。掩体陣地である。さらに、攻撃側の火力攻撃が強力になるとトンネル陣地に変化した。しかし、塹壕陣地、たこツボ陣地、掩体陣地、トンネル陣地は排水が悪く、居住性に問題があり、長期（数年）にわたる防御やろう城に不適だった。そのうえ、このような陣地は地表面の影響（視界・射界の制限、かげろうの影響など）をうけやすく、工事に多大の時間と労力が必要になる。さらに基本的問題点は、徒歩兵を前提としていることである。

近年、応急築城材の発達により、築城はふたたび地上にうつり、「塁壁(ramparts)」に変化しつつある。塁壁は装甲車を想定している。装甲車に搭載されている直射火力の射程は一般に二五〇〇ｍにおよぶ。しかし、レーザー光線、赤外線、ミリ波などにより照準されることが多いので、地表面の影響を最大限に回避する必要がある。そのため、〝土の下〟は避けたのである。また、装甲車は動けるので、交通壕を設ける必要はない。野戦における築城も、革命の時代をむかえているといってさしつかえない。

Battle 17　主火力は前に出すべきなのか？

火力部隊の運用について考える。まず、前衛部隊の戦闘において、火力部隊を運用する場合、主力を前に出すA案と、うしろに下げるB案のどちらが適切か？

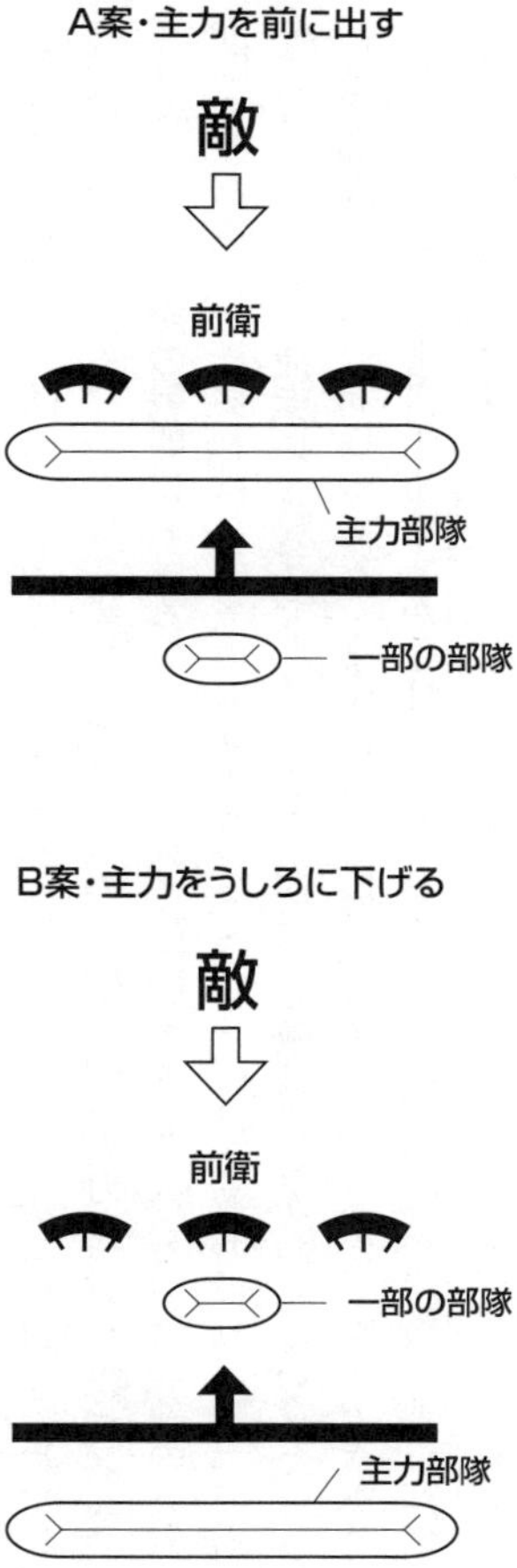

Ans. A案

攻撃においても、防御においても、遅滞行動においても、最初に戦闘を開始するのは偵察部隊である。ついで、戦闘に参入するのは歴史的に火力(弓射)部隊である。

さて、火力部隊の戦闘における敵は、ふたつに区分できる。ひとつは「敵の火力部隊」である。昔であれば、弓矢の射撃手だ。もうひとつは「敵の機動部隊」である。昔でいえば、徒歩兵と騎兵である。このふたつの敵は今もかわらない。

航空部隊の戦闘も同様である。まずは敵の航空部隊を撃滅するか、撃滅できなくとも、航空優勢を獲得することからはじまる。ついで、航空部隊が、敵の地上部隊を攻撃することになる。

さて、火力部隊の戦闘力は、52ページのランチェスターの二次式(火力戦闘力は火力の二乗に比例する)にしたがうとされる。つまり、火力部隊の運用は、たとえ前衛部隊の戦闘に対する支援であっても、ほぼ全力を投入することが、理にかなっていることになる。正解はA案である。

火力部隊が敵火力部隊に対し、火力の優勢を獲得するために激戦をまじえているときに、機動部隊がノコノコと、敵火力部隊の射程下に前進することは、原則として、愚の骨頂である。

Battle 18　決戦における火力部隊

おたがいの主力が接近し、いよいよ決戦が開始される状況になったとき、火力部隊の展開地域の選定は、A案、B案のどちらが適当か？

A案・火力部隊を縦にならべる

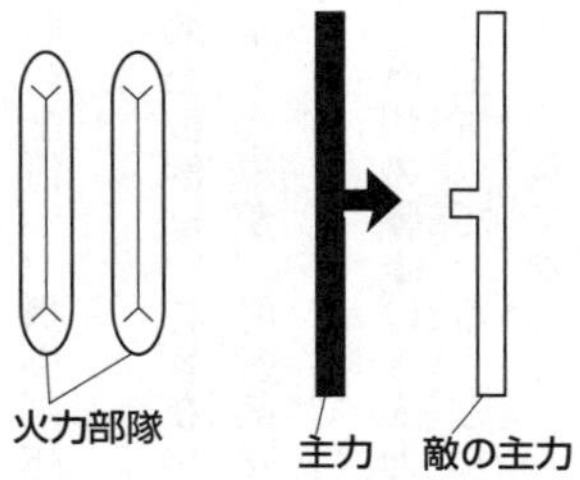

B案・火力部隊を両側に配置する

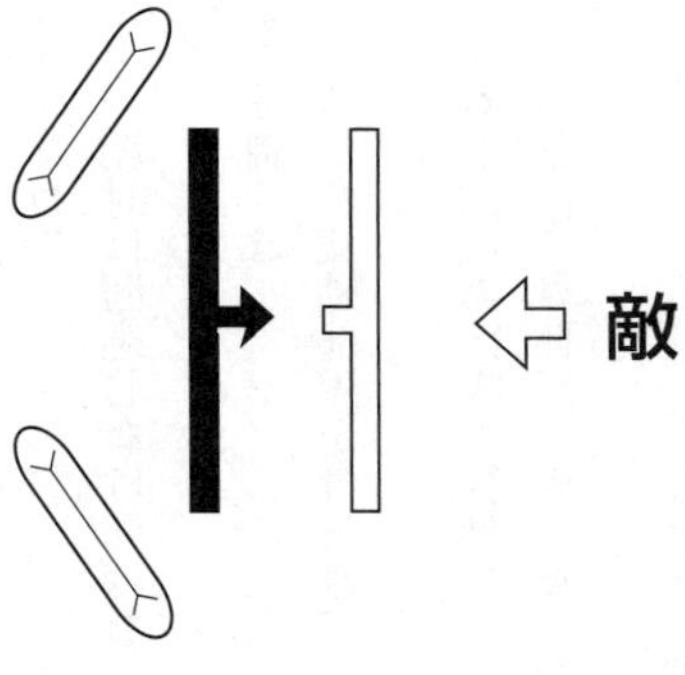

Ans.　B案

古来、機動部隊の戦闘は、前後左右に運動しながらおこなわれる。したがって、火力部隊の配置が、機動部隊の運動の邪魔になることを、絶対に回避しなければならない。

典型的な戦例は、有名なマラソンの戦闘である。この戦闘では、マラソンに上陸したペルシャ軍が、弓射部隊と機動部隊を縦重にしたために、機動部隊が身動きできなくなり、混乱して劣勢のアテネ軍に撃破された。

以来、欧州の陸軍は、火力部隊の展開は両側に配置するか、機動部隊の行動しない間隙に配置している。とくに両側に配置して、敵の火力部隊に外側から火力を集中するのが有利である。

したがって、正解はB案である。

Battle 19　予備の人員構成

予備の配置は、攻撃と防御において異なる。攻撃においては主攻の後方、包囲や翼側突破のときは、主攻のさらに外側に置くのが有利である。

さて、防御における予備の編成は、一指揮官の下に一部隊として編成するA案と、それぞれの兵科部隊ごとにバラバラに配置するB案のどちらが、一般的に適切か？

A案

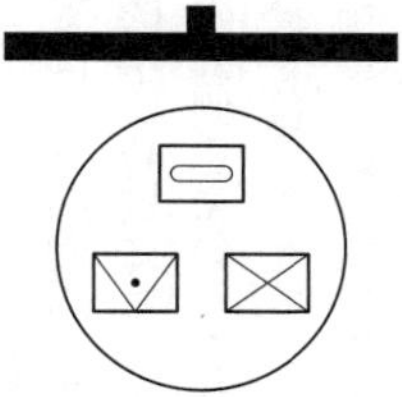

一指揮官の下に一部隊として編成。

B案

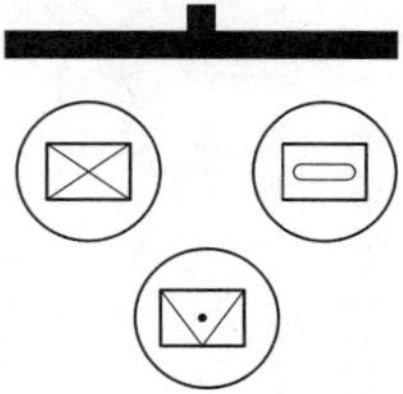

それぞれの兵科部隊ごとにバラバラに配置する。

Ans. B案

攻撃においては、包囲機動するにしても、突破をはかるにしても、その成功の分岐点は、比較的早い時機におとずれる。突破口を形成できるかどうかの時機、包囲部隊が敵の翼の外側をまわりきれるかどうかの時機、あるいは、包囲機動によって延翼した敵や翼を後退させて鈎形陣形に移行した敵が、陣形に間隙を生じた時機などである。予備はこの時機に投入する。したがって、攻撃の場合は、予備に要求される部隊編成は、比較的にこちらの意図を優先させて、決定できる。そうであれば、事前に使いやすいような編成に組んでおくことが、有利であるのは当然だ。

しかし、防御においては、敵が攻撃方向、攻撃要領、攻撃部隊の編成の主導権をにぎっていることにかわりはない。したがって、敵の攻撃の出方によって、予備を投入するときの編成を、組みかえなければならない。

たとえば、お客をむかえる場合、お客の注文によって料理の内容をかえるためには、料理を事前に準備しておくわけにはいかない。料理の素材を準備しておいて、どんなお客の料理の注文にもおうじうる態勢をとっておく必要がある。

つまり、防御における予備の編成は、攻撃とことなり、それぞれ素材の部隊を保持し、敵の出方におうじて、最適の編成を組むB案が一般的である。

Battle 20　どうやって本隊にもどすのか？

戦術において前衛の運用はきわめて重要である。その方法は千変万化といってよい。したがって、前衛運用の基本的パターンを説明することは、きわめて困難である。しかし、ここで一例をとりあげてみることとする。前衛部隊が本隊にもどる場合、本隊の側面からもどるA案と、まっすぐに本隊にもどるB案のどちらがよいか？

A案
本隊の側面からもどる

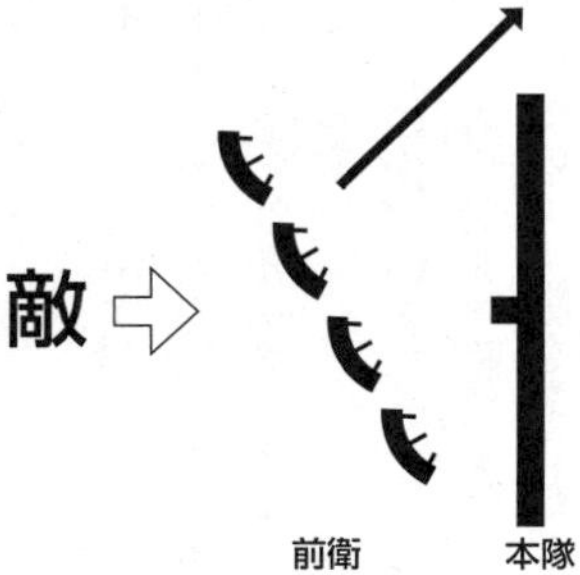

B案
まっすぐ本隊にもどる

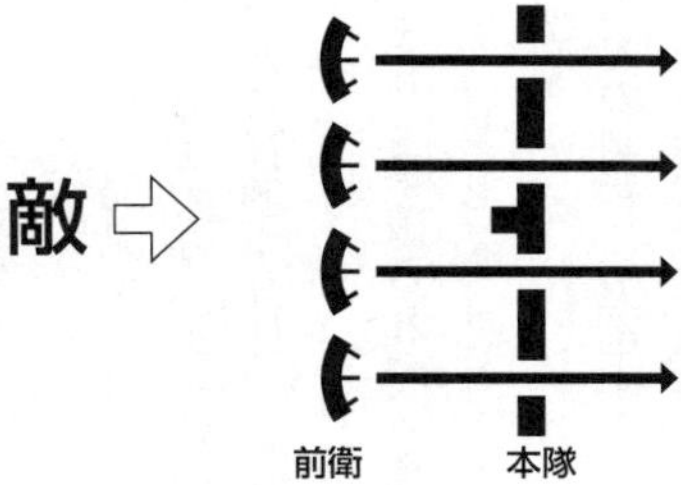

Ans.　A案

前衛の基本的任務は「敵を発見」することだけではない。発見すれば、連続的に「接触を維持」しなければならない。敵も前衛を派遣するであろうから「敵前衛を排除」し、「主力を防護」する必要もある。さらに、敵主力に接触すれば、これを「拘束」しなければならない。

さらに、敵主力の拘束の過程で、容易に敵につかまり、撃破されても意味がない。「生き残り」、「敵主力を操縦する」ことが必要である。そして、こちらの主力の位置、行動などについて「敵をあざむく」ことが使命だ。

敵主力から圧迫をうければ、接触を維持しつつ、主力の側背に退避する。そのあとは、側背を警戒・援護するか、予備となる。後退にあたっては、主力からの格別の援護を期待することは、主力の行動に余分な負担をかけるので、極力避けねばならない。主力の方向に向かって後退すると、前衛の後退と渾然一体となって突進してくる敵戦車部隊のために、主力まで、同時に破壊されてしまうおそれがある。

古来、名将たちの前衛部隊は、敵主力の圧迫をうけると、側方に回避することを原則としていた。すなわち、A案が正解である。

Battle 21　突然の敵との遭遇

遭遇戦は、敵と味方がおたがい縦隊陣形で前進しているときに発生する。しかし敵との遭遇によって、縦隊のままで戦闘する場合と、横隊にかえて戦闘する場合がある。

作戦線の屈曲点付近において敵と味方が遭遇し、もし、縦隊陣形から横隊陣形に転換する場合、展開の方法は、Ａ案・両側展開、Ｂ案・内側展開、Ｃ案・外側展開の、どれが適切か？

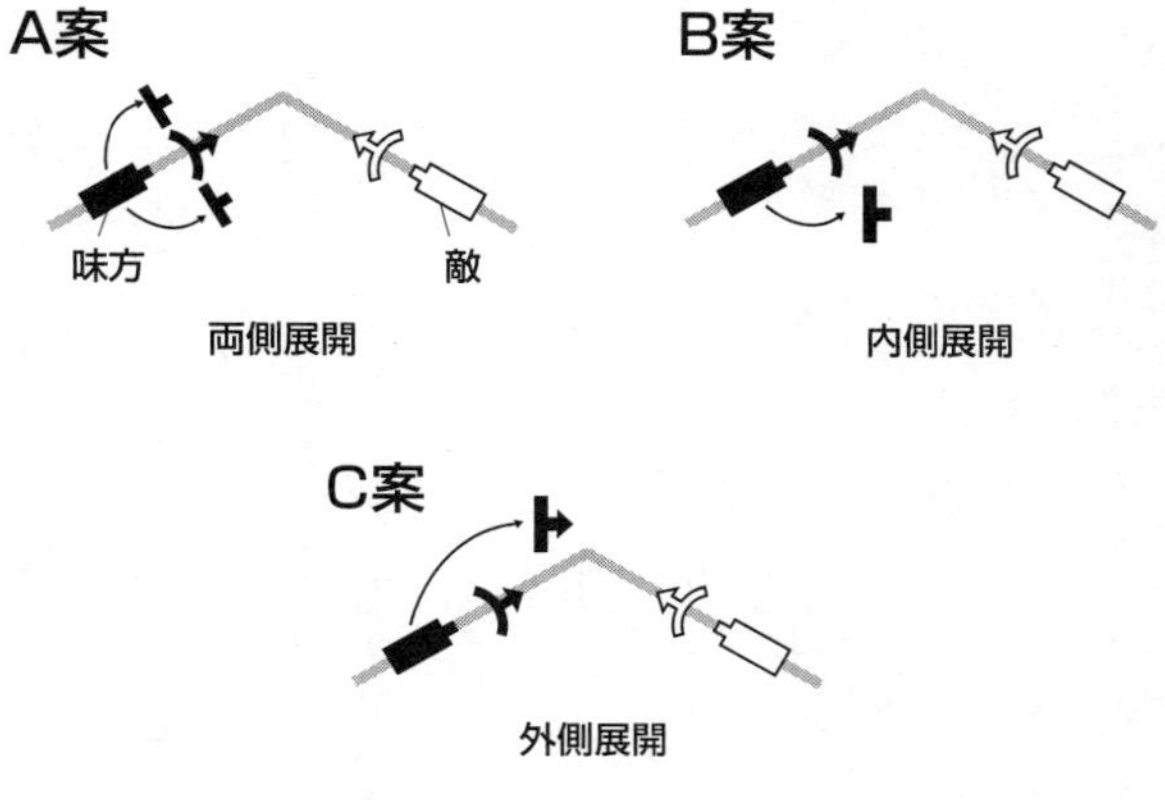

Ans.　B案・内側展開

遭遇戦においては、戦闘展開の迅速性が要求される。この観点からいえば、作戦線が直進している場合にはA案はもっとも速い。

しかし、この問題のように作戦線が斜交している場合は、B案がもっとも速い。

しかし、これは絶対ではない。戦術状況によっては、かならずしも内側展開が最良というわけではないのだ。

▼コラム『態勢の弱点にダマされるな‼』

戦術においても、ふだんのビジネスにおいても人は簡単に「相手の弱点」をつけという。しかし、弱点には二種類ある。

第一の弱点は、「敵自身の弱点」である。すなわち、目前の相手自身が示している弱点だ。戦闘にたとえれば、指揮官が平時向きの人物であるとか、戦車の数量が足りないとか、支援火力が不足しているとか、戦闘陣形が不適切であるとか、燃料・弾薬・糧食が不足しているとかである。

ビジネスにたとえれば、下手な営業マンであるとか、製品の質が悪いとか、系列の仕事として甘えているとかである。

第二の弱点は、「態勢の弱点」である。たとえば、河川と隘路の不利な地形を背景にして戦闘陣をかまえているとか、主力と前後左右に遠く離れ、各個に撃破されやすい配置になっているとかであり、ビジネスでいえば、過去に納入実績がないとか、親会社のネームバリューがないとか、である。

敵の弱点に乗じようとする側（攻撃側）がもっとも「ワナ」に自分からはまりやすいのは、あるいは敵の仕かけた「ワナ」にはめられやすいのは、「敵自身に弱点がなく、敵の態勢に弱点がある」場合である。

敵の態勢の弱点に乗じたくなるのは人情である。しかし、敵もまた自分の態勢の弱点を明確に認識しているのが通常であり、十分対策を考慮している。場合によっては、態勢の弱点を意図的に攻撃側に示して「ワナ」に誘致導入をはかることがある。名将たちはしばしばこの手をつかってきた。その例は枚挙にいとまがない。

ということは、態勢の弱点を承知のうえで、放たれている部隊の指揮官は、最優秀の指揮官がえらばれていることになる。「放れ狼、一匹狼は強い」のだ。

第3章

集団における命令の下し方

▼この章では、上司から部下への効果的な命令のあたえ方、命令をだすうえで、覚えておいたほうがいいことについて触れる。さらに、アマチュアをすぐに第一線に送りだすために開発された思考順序の方法を説明していく。

軍隊の指揮組織と一般企業の指揮組織

軍隊の指揮組織は、日本の一般民間企業とあきらかに異なる点がある。そのちがいを、比較しながらみてみよう。その場合の軍隊の指揮組織については、列国が編制上の最大組織としている「師団」を例としてとりあげて、説明する。

軍隊では、指揮官が一人で決心する。けっして合議しない。指揮系統は明確である。指揮官は歴史的にみれば、原則として、部下の生殺与奪の権をもっているが、今日においては、そのいくつかは制限されている。

指揮官と、その部下である参謀の地位・役割は明確にわけられている。参謀には一切の指揮権はない。参謀は無私の精神によって、指揮官を「補佐」することが使命である。

軍の組織は、上から、師団長―連隊長―大隊長―中隊長―小隊長―分隊長である。会社では、社長―事業本部長―工場長―製品部長のラインに相当する。会社の重役は、参謀であるのか社長から権限の一部を委任された指揮官なのか、わかりにくい。

会社では、利益を上げる責任が、社長にあることは当然であるが、その下のプロフィットセンター（独立採算として利益を上げる責任部署）が事業本部長に置かれているところと、工場長に置かれているところがある。

軍隊では、作戦の成否の責任は、師団については師団長、連隊については連隊長がすべてとる。以下、分隊長にいたるまで、それぞれ指揮官に責任が置かれている。

しかも戦場においては、突然、指揮官が戦死することが予想される。そのときは自動的に、指揮権はつぎの位の者がつぎ、さらにその人が戦死すると、次々位者がつぐことになっている。

さて、師団長、連隊長、大隊長には参謀がつく。参謀組織は、一般参謀と特別参謀に区分され、一般参謀は指揮官を兼務することはない。特別参謀は指揮官を兼務することがあるが、参謀と指揮官の権限は明確にわけられ、その参謀を支援する事務参謀部員も区分されている。

たとえば、師団通信参謀は、同時に通信大隊長であることが多い。しかし、彼を支援する事務参謀部員は師団司令部に席をもち、大隊長としての彼の補佐をする参謀は、通信大隊に席を置く。混同したり、兼務することはない。

一般参謀は、「監理・行政」「人事」「情報」「作戦」「兵站」に区分される。そして一般参謀は、そのすべての領域に発言権がある。たとえば情報参謀であっても、作戦、人事、兵站などに発言権をもっている。

一方、特別参謀は「総務」「通信」「工兵」「輸送」「航空」「整備」「補給」「化学」「衛生」「会計」「厚生」「警務」などにわけられ、専門的事項に関して、全一般参謀に対しての、調整権をもっている。いわば、一般参謀が横軸、特別参謀が縦軸ということである。

この結果、軍隊の参謀組織は「縦割り」ではなく、「網型」となっている。このような師団参謀組織の利点は、いずれの参謀も、師団長が承知している状況と同じ範囲の状況を、承知することである。

なぜならば一般参謀は、すべての領域に発言権があり、最高会議につねに参加する。一方、特別参謀は、自分の専門域にかんして、すべての一般参謀と調整するので、結果的にすべての状況を知ることになるのだ。

連隊、大隊の参謀も、それぞれの指揮官と同じ状況を承知する。したがって、担当参謀が留守の場合には、どの参謀でも、自動的に代役がつとまるのだ。

これにより、会社や一般官僚における、縦割り組織のもっとも悪い欠陥、参謀の官僚化（自分の領域しかわからない。他参謀の領域に口出ししない、踏みこまない。他参謀の代役をしない。自分の領域の利益のみを考える）などが、軍隊の参謀組織では、おこらないのだ。

軍隊の参謀組織は一見、複雑で人員が必要のようであるが、参謀全員が師団長のつもりで状況を把握し、師団長の立場にたって問題解決策を考えているので、複雑な作戦を、迅速に計画するには、最良の組織となっている。

部隊が中隊以下になると参謀がいないので、すべてを指揮官が処理することになる。そのため、若い時代に中隊長を経験すると、一応、大隊長のする仕事の領域が理解できるようになる。

有効な命令の下し方

指揮官は任務をうけると、参謀たちに「指針」を示す。「指針」には、

- 参謀活動（見積り、計画）を終了し、報告する時期。
- すぐに処置する事項。
- 戦闘指導の基本的態度、作戦の基調、たとえば「始めは処女のごとく、終わりは脱兎のごとし」など。
- 特別な兵器の運用、たとえば、核兵器。
- 特別に注意をはらう事項、たとえば、マスコミ対策、政治家・官僚対策。

などがふくまれる。

注意すべきことは五つある。第一は、指針は指揮官がみずからの責任・哲学において一方的に決定するものであるから、自分の個性に合わないことをのべないことである。

たとえば、慎重な性格の指揮官が大胆な案を要求しても、自分が実行できるわけがない。日ごろの自分を考えて大胆な行動をきらう性格であれば、自分はその程度の器であるとあきらめるしかない。そうでないと、参謀たちがムダな作業をすることになる。

第二は、形容詞、副詞をつかわないことである。これは参謀活動に、その解釈をめぐって混乱をきたす元凶になる。

第三は、指針を決定するにあたって背景となった、指揮官の状況認識を、正確に説明することである。生身の人間である指揮官に私心のないことはむずかしく、任務の遂行にあたって、なにがしかの個人的欲望や、政策的判断がはいってくる。それを包みかくさず白状することだ。

指揮官の個人的欲望・政策的判断まで、参謀たちが推測することは不可能である。こうすることによって、参謀たちは、指揮官の状況認識がせまかったり、まちがっていると判断した場合には、指針そのものの訂正を要求することができる。

第四は、この作戦において特別に協同、支援する部隊、配属される部隊に対する配慮である。功をゆずり、損害を少なくするようにしなければ、つぎからまともな協力・支援をうけることができなくなる。

第五は、初陣の部隊、先の戦闘において苦戦した部隊に対する配慮である。彼らには「勝ち味」をあたえるようにしなければならない。

指針をきめたうえで指揮官は、状況を判断することになる。敵の状況を見積り、作戦について考える。ここでは、「なにが勝ち目か？」をはっきりさせることである。ビジネスでいえば、セールスポイントを、しっかりさせることだ。

つぎにいよいよ作戦が計画される。ここでは、「計画できないこと、計画してはならないことを計画するな！」だ。作戦が一歩すすめば、状況が変化する。それがわかっていながら、先のことまで計画するのはムダということだ。先のことは、大ワクと方向性のみで十分なのだ。

そして、命令が下達され、命令の実行を監督する。

軍隊の命令は、原則として、「後命は自動的に前命を取り消す」である。前命を取り消さない場合はかならず、前命が生きていることをつけくわえる。

一般企業における命令は、この点がきわめて不明瞭である。部下はいつのまにか、いくつもの命令をせおいこむことになる。命令をあたえた上司は、自分の下した命令を管理しなくなり、都合が悪くなると、部下をよびつけて「どうしたか？」

と聞く。このような問題は軍隊にはない。

現場と中央指揮官のギャップをどううめるか？

一般に人は、他人に自分の仕事を指図されることを好まない。自分でなにをするかを決めたいし、そのやり方も、自分の自由な方法でやりたいものである。しかし、軍隊は本質的に、組織によって仕事する。上司から命令をうけて仕事をすることが、あたりまえとなっている。ここには、大きな問題点がある。

命令は、一方的に上司から下される。そこには部下の好ききらいの感情は関係がない。前者と後者の間には大きな矛盾が存在している。個人が「自発的」に仕事をしたいという欲望と、「強制的」に仕事を命ぜられることに対する抵抗の矛盾である。これが第一の問題点だ。

たとえば武田信玄は、この点にかんして、上手に部下をつかった。作戦会議を開いて、部下の武将の意見をよく聞いた。部下がよい意見をのべると、すぐに、「よし採用した。お前がやれ!!」と命じたのだ。

上級司令部は下級司令部とくらべて、一般的に現場から遠い。戦場をＴＶシステムなどで映すことによって、ある程度は上級司令部も現場の状況をリアルタイムで知ることができるが、それには限界がある。

せいぜい、視覚、聴覚による現場の認識であって、恐怖感、嗅覚、疲労感、肌で感ずる感覚はない。阪神大震災のニュースをいくらTVをとおして見ても、現地における認識とは、雲泥の差があるのと同じだ。

たしかに上級司令部は、多方面の情報ソースをもち、大所高所から現状を認識できるかもしれないが、命令をうける部隊が直面する現場にかんしては、その下級司令部のほうが、正確であると考えるのが常識である。

はっきりいえば、命令者と命令をうける者の間で、部隊の直面している状況についての認識の落差が存在する。これが第二の問題点である。

現場指揮官と中央指揮官との認識のちがいは、ビジネスにおいても、つねに問題になる出来事だろう。このふたつの問題点を解決するには、さまざまな工夫が必要である。

命令をあたえる場合は、任務遂行に見あう「義務」「責任」「権限」をいっしょにあたえなければならないことは当然であるが、同時に任務を遂行するに見あう戦力も、あたえなければならない。さらに、命令者は部下が「もっとも自発的にその任務を達成しようと選択した」ように感じさせることが大切である。

命令の背景を説明せよ

軍における命令の工夫のひとつめは、命令を作成した背景、すなわち、指揮官の状況認識を記述することである。じつはこの認識を、部下と一致させることは、きわめて重要なのだ。

スターリングラードに包囲されたパウルス元帥の第六軍の救出を命ぜられたマインシュタイン大将は、命令をだすときは、時間の許すかぎり、自分の状況認識を説明している。それは現状認識にとどまらない。数多くの予測も説明している。

そして、最後にこの予測と異なる情勢になれば、部下の独断を期待する、とのべている。彼は「服従」と「独断」について、発令者と受令者（上司と部下）の間の「取引き条件」を明示したのだ。つまり命令の背景が意図的にかくされている命令は、うける価値はないということだ。

ふたつめは、個人が命令するのか、組織が命令するのかという問題である。欧米では、命令書の方針は、〝I will――（私は――）〟で書き出すことが定められている。しかし、わが国では、世界と逆であり、〝わが部隊は――（たとえば、第一師団は――）〟と書くのが一般的である。なぜ欧米では、〝I will――〟で、日本だけが〝わが部隊は――〟なのかは、興味深い問題である。

理由としてひとつだけはっきりしていることがある。アレキサンダー大王が「私は――」とのべた作戦方針は、かれにしか遂行できなかったといわれている。かれの直属のどんな勇将たちにも、実行不可能であった。

どんなに訓練をうけていた有能な武将であっても、アレキサンダー大王の構想力も、天才のひらめきも手に入れることはできなかった。大王の“I will――”は、大王だけのものだったのだ。「作戦方針」とは、きわめて個性的なものだ。

さて工夫の三つめは、部下に対する任務の付与である。命令にあたって欧米では、「君の任務はＡとＢである。任務達成に利用できる時間と空間、戦力はＣとＤである」と示したあとで、「戦力と時間・空間に過不足はないか？」とかならず質問する。

一般的に上級指揮官はケチで欲張りだから、たいていの場合、戦力と時間がすくない。部下はそこで慎重に実行の可能性を検討して「どんな戦力をどれだけ、時間をどれだけください」と交渉する。指揮官は「ＯＫ！」と答えて、可能なかぎり要求におうずるか、任務を縮小する。

上司は、このような要求がまるでないイエスマンの部下は、絶対に信頼しない。「大丈夫か？」と疑心暗鬼になる。

ビジネスでいう上司と部下の間で、任務と実行手段におりあいがつけば、ほんとうの意味で命令が伝わったことになる。契約成立である。かくして部下は、任務を、自分が了解した問題として納得し、実行する。

どこまで命令を聞くのか？

もっとも、こんな方法をとる必要がないと反論する人がいる。

たとえば上司が、その任務遂行についてきわめてベテランであって、達成の方法についての奥義をきわめている場合である。「お前ができなきゃ、俺が直接やる」といえる場合である。名匠が新入りの弟子に仕事を命じるようなケースだ。が、戦場ではこんなことはありえない。なぜなら、勝利をかけた戦闘において、自分が直接処理できるなら、部下に命ずる必要がないからである。ビジネスでも同じだろう。

もうひとつの反論として、計画段階において、部下と十分に話しあってから命令を作成すればよいという考えもあるだろう。だが、人と人が戦う場では、時間的にも、状況的にも、そんな余裕がないのが通常である。机上の話であって実際的ではない。

「文句をいうな。文句があるなら計画段階でいえ。すべてはきまった。これは命令だ！」と上級指揮官の押しつけ。「仕方がない。これが命令というものだ」と部下指揮官の納得。どこかにゴマカシがある。これでは、プロの軍人とは名のれない。
　命令をあたえる上司は、ムリを承知で部下に任務をあたえて責任をのがれ、命令をうける部下は、成功に不安があるにもかかわらず、上司の顔色をうかがっているからだ。
「軍事指揮官は、首相や国防大臣のために、軍事にかんして筋をまげたり、自分の失敗をのがれる権利はない。なぜなら、首相や国防大臣は、戦場から離れている。だから、首相や大臣の規則・計画・命令が戦場の実態とかけ離れているときは、その実行を引きうけるな。規則・計画・命令の変更をしつように要求せよ。端的にいうならば、将軍が、軍の破壊の道具になるよりは首を切られたほうがましである。戦いの指揮官は、勝利に自信のない命令を引きうけることは、勝利に自信のない命令を発することと同様、罪悪である」(ナポレオン)
　このことばから、学ぶべきことは多い。

一〇〇%の情報は存在しない

　クラウゼヴィッツは「戦闘において敵情の四分の三は霧のなか」と看破している。この言葉を逆手にとって「だから昔の戦闘では〝奇襲や遭遇戦〟が可能であった。しかし、今日の情報化時代においては、敵情の入手が簡単であり、またこちらの状況も、敵に知られやすい。だから奇襲や遭遇戦はむずかしくなった」と説く人がいる。

情報活動のスタートは、情報要求（任務を達成するために重要な、断片的な情報資料〈表面にでてくる兆候〉を、だれが、いつまでに収集するかの〝情報資料収集の命令〟のこと）から開始されることは常識である。しかし、情報要求がいつも正しいという保証はない。せいぜい八〇％程度である。

情報要求にもとづいて情報資料の収集が開始されるが、まず最初は元の状態から、どのくらいの変化があったかを知ることからはじめる。しかし、元の状態を一〇〇％事前に把握することは、不可能に近い。八〇％程度だ。そして数々の変化をすべて捕捉できるとはかぎらない。ここでも八〇％程度になる。

つぎに、その変化はなにかを認識しなければならない。これもすべてがわかるわけではなく、八〇％程度である。さらに、判明したものが敵か味方かを識別し、敵については本物か、ニセ物かを判別しなければならない。この識別も一〇〇％成功するとはかぎらず、八〇％といったところだ。

そこから、情報資料収集機関が、情報資料を処理する情報本部に報告し、数多くの情報資料が正しく処理される。ただし、必要とされる時期にタイムリーに提供される確率は、ここでも八〇％だ。まして情報資料が伝達される間に歪曲されたり、誤解されたり、取捨選択されたり、脱落したりして、情報の質が変化する場合が多い。

つまり、どんなに情報化時代となっても、情報の入手を一〇〇%期待するのは幻想である。八〇%の六乗は約二六%である。これは、作戦計画過程においても、戦闘においても、情報の四分の一が入手できれば「おんの字」であることを意味している。いいかえれば、「情報の四分の一が手に入ったら、ためらわず決断せよ」ということにほかならない。

情報収集以外にすることはある

前述の仮説は、戦況が比較的動いていない状況で考えてみた話である。戦況が動きだせば、さらに情報入手の確率が低下することを、覚悟しなければならない。さきほどの八〇%を七〇%と見積れば、全体として一二%、すなわち約八分の一の情報が入手できればこれまた「おんの字」だ。

古代戦史における英雄たちは、陣頭に立って指揮した。戦場はせまく、眼下に敵陣を一望することができた。場合によっては敵指揮官さえ見ることができた。英雄たちが入手していた情報は、今日の情報化時代の比ではない。おそらく八〇%以上の情報をもっていた。

戦場だけではない。かれらの軽騎兵は、敵の基地、増援の位置、兵力まで、かなり正確に報告していた。しかし、英雄たちは、しばしば奇襲に成功している。これはなぜか？　それは奇襲の機会は本質的に、動きのなかで発生するからである。つまり、敵情の解明は重要であるが、それ以上に陣頭にあって、敵のつぎの指し手を読むことが重要になるのだ。眼下に敵の動きを見て指揮した英雄たちは、戦場のにおいを嗅ぎ、敵のつぎの手を読み、戦機を看破したのだ。一方、凡将は、敵のつぎの指し手を見誤っている。

将棋や碁では、敵の盤面と持ち駒を承知しえても、凡者は巧者のつぎの指し手を読むことはむずかしい。この困難性をもっとも多く有効に逆用したのはシーザーであった。

情報を集めるだけでは、なにもできない。これは、ビジネスの世界でも同様である。

コンピュータ情報は有効か？

今日、マルチメディアの技術が発達し、情報化の時代といわれるようになった。軍においても、軍隊の指揮、情報、火力、機動、兵站・人事などのために通信組織が発達し、指揮所において指揮官は、リアルタイムで戦場の必要な情報を、立体的な映画を見るように、把握できる時代すら予想されている。

そのような時代になれば、指揮官は指揮所において必要なボタンを押せば、敵に命中弾を浴びせることができるようになるので、指揮のハイアラーキー（師団→連隊→大隊などの指揮の階層）を節約することができると短絡的に考える人もいる。

そのような人は、通信システムとコンピュータ・ネットワークの軍隊への導入によって、指揮の方法が根本的に変化すると、過大に期待している。しかし、これは、技術の発達と指揮の要領の話を混乱してとらえている。両者はまったく別の話なのだ。

人間を例にとって考えてみよう。人間の体に張りめぐらされた通信システム、すなわち、神経網は、軍隊組織の通信網の比ではない。しかし、人間の頭脳は、絶えずこの神経網を使用しているわけではない。まず、自律神経網があり、それによって、頭脳の指示をうけることなく、人間は最適の行動をする。

また、運動神経網や、反射神経網も、頭脳のコマンドをうけることなく活動する。人間が武術やスポーツの訓練を積みかさねれば、積みかさねるほど、頭脳のコマンドは、包括的な指示、命令ができるようになる。

軍隊の戦術的活動は、この人間の活動と同様で、すぐれた軍隊はより包括的、簡単な命令で戦闘する。ジンギス・カーンの軍隊は、指揮官のほとんどが文字を書くことも、読むこともできなかった。部下・部隊は多民族のよせあつめであって、しばしばことばがことなっていた。

今日のような通信システムは、もちろんない。そして、草原が主たる戦場であったにもかかわらず、ジンギス・カーンは、部隊を過酷な砂漠において徹底的に訓練した。そして簡単な命令で、広大な地域に展開する部隊を、自由自在に指揮したのであった。

通信システムと命令のあり方は、まったく別の問題なのだ。つまり、コンピュータというものは、指揮を支援する道具にすぎない。よく訓練された部隊の指揮には、コンピュータの出番は少ないということである。

アマチュアをすぐに実戦に送りだすテクニック

第二次世界大戦において、当初、米軍は、急速に兵力を増員する必要が生じた。将校に戦術を教育しなければならないが、職人教育のような方法では、大量の新人将校を育成することはできなかった。そこでアマチュアでも、おおむね妥当な戦術策案を、考えだせる思考順序を開発した。

冷戦時代に自由主義陣営側に立った西欧・日本などでは、多少のちがいはあるが、いずれも基本的に、この思考順序を採用している。もちろん、「砂漠の狐」とあだ名された、ロンメルなどの名将たちの思考順序は、この方法とは異なり、連想・

直覚的思考順序を使用している。わかりやすくいえば、プロ職人、プロ格闘者の思考法である。

ここではアマチュアを、すぐに、実戦に送りだすことのできる前者の思考順序を、紹介する。この思考方法は、基本的につぎの順序になっている。

①「命題」・通常、上級部隊指揮官からあたえられる「任務」である。
・これを子細に「任務分析」し、達成する事項の優先順位をきめる。

②「前提」・作戦する地域を規定する。「地域の特性」をあきらかにして認識し、戦術的に分析する。
・現在までの敵情を解明し、将来の「敵の可能行動を列挙」して、採用公算と弱点を見積る。
・自分の部隊の状況を掌握し、敵戦力と相対比較して、勝ち目（とくにすぐれている点）と問題点をあきらかに認識する。
・こちらがとりうる「行動方針を列挙」する。

③「分析」・すべての「敵の可能行動」とすべての「味方の行動方針」を総合的に組みあわせて戦闘シミュレーションを実施し、行動方針の選択のためのカギとなる要因を見いだす。

④「総合」・比較のための要因に、重要度の順位を定める。
・行動方針を比較する。
・ついで、時間と空間の要因について考える（英国式。理論的ではないが、経験的に誤りをすくなくするためくりかえす）。
⑤「結論」・選択の腹構えを定め、最良案を選択し、その問題点と対策をあきらかにする。
・英国式では、作戦計画の骨子を作成する。

この思考過程は方針決定のための会議において、議題の順序をきめるときなどにも利用できる。習熟すれば会議が堂々めぐりせず、迅速かつ論理的にすすめることができるだろう。

これは素人でも、おおむねあやまりなく、妥当な結論をえることができる思考法だ。それでは実際に、この思考方法は現場でどうつかわれるのか？　第4章では、具体的な問題を考えながら、この思考方法をさらにくわしく説明していく。

▼コラム『想像力と着想』

軍人の能力は強烈な闘争心にもとづく、実行力と軍事識能であるといわれている。実行力については、先天的な個人的性格に属しており、容易に養成できない。一方、軍事識能（戦術能力と指揮実行力）という樹は戦史という大地の栄養によって育つ。

昔の武将は親や先輩たちの武辺物語を聞いて育った。成長した想像力で、ふたたび過去に読んだ戦史を読めば、またひと味ちがった感想を持つことになる。そして一段と想像力が成長することになる。もっとも実際の戦場において戦っているがごとく、素早く〝映像〟を描き出せる能力が身につくことになろう。このような想像力が、戦史を通じて戦闘を追体験する道具である。

つぎに将来の勝利のための「着想」を生む能力を育成することだ。着想を生むためには、戦史からできるだけ多くの教訓や格言を自分なりに抽出し、把握しておくのだ。練達の士は師や先輩から訓練をうけた体験、教え、自らの経験から数多くの教訓、格言を隠し持っており、新しい事態に直面したとき、これを道具として瞬時に問題を克服する創造的な「着想」を生み出すという。

最近のスウェーデン軍や米軍の研究によれば、〝プロフェッショナルの思考過程〟として、「状況の特質の把握」「全感覚の活用」「連想的・直覚的決定〝着想〟」「合理的説明の創造」。この四段階の思考方式を、ベテランの師団長以下に推奨している。この思考過程のほうがはるかに決断が早く、かつ、戦史の経験が総合的に組み入れられ、洗練された策案が生み出されやすいといわれている。

ただし、この思考過程を使用するためには、深い戦史の追体験と自己体験の積み重ねが前提となっている。この思考過程を青年将校がいち早く利用できるようにするためには、いかなる教育システムが必要か、真剣に検討されている。

直面している事態を、いかに認識するか、それをいかに全感覚を活用して連想的・直覚的決定に持ち込み、新しい着想を生み出すか、認識と判断の間には明確な境界を見つけがたい。とにかく、連想的・直覚的決定は多くの場合、過去における修練の結果、頭脳のなかにたくわえられた各人の教訓・格言を参考にしておこなわれることはたしかである。

最後に着想に対してそれが妥当であるという至当な理由づけ（判定）もまた、その人が隠し持っている過去の体験、追体験にもとづく、教訓や格言に依存しているといってさしつかえない。

教訓や格言はしばしば矛盾しているものが多い。その意味で原則や法則と異なる。しかし、戦史研究や戦場体験、演習訓練などを通じてこの教訓や格言を数多くたくわえておくことである。これは、人間すべてにあてはまる。

第4章

『Simulation 1　中川盆地における戦闘』

〜問題解決の思考順序を学べ

▼第3章で説明した、アマチュアをすぐに第一線に送りだすための思考順序を具体的に説明する。まったく架空の地域、架空の軍を想定し、シミュレーションをおこないながら、Q&A形式で説明していく。

X軍第一歩兵師団の全般状況

「第一軍団（第一師団の親部隊）の中川盆地進出を援護すべき」という任務をもつX軍第一歩兵師団は、七月一日朝、西山盆地に進出中である。

その前衛連隊は同時刻西山隘路において、師団の進出を援護している。

作戦の進展によって、要求から二日後には主力から一個歩兵連隊（三個大隊）、一個戦車大隊の増援が期待できる。上級部隊からの情報によれば、敵・Z軍の約一個師団強（歩兵師団と予想される）が東山盆地に集結中であり、その一部は東山隘路を占領している模様だ。Z軍増援の兵力・時期は不明。中川は橋とその付近以外は渡るのが困難な地形である。

両軍の編制　：第1章に示した歩兵師団例（38～42ページ参照）のとおり。

両軍の航空情勢：戦域上空において、熾烈な対航空戦（航空優勢を獲得するための空軍対空軍の戦闘）がおこなわれているが、両軍ともに地上部隊の戦闘に一日二〇出撃（一出撃は一機一回の出撃）程度の近接支援（ロケット、ナパーム、ミサイル、爆弾などによる敵地上部隊に対する攻撃）が可能である。

第1状況

X第一師団長はまず「第一軍団（親部隊）の中川盆地進出を援護」する任務を「分析」した。

そして、「最初になにを」決定する必要があるか？を考えている。A案～C案のように、考え、きめることはたくさんある。

A案：当初の前進目標をきめる～西山隘路か？　中川の線か？　東山隘路か？～

B案：主力の前進方向をきめる～北街道沿いか？　南街道沿いか？～

C案：戦術目標をきめる～敵の撃破か？　地域の確保か？～

Q1　X軍師団長は最初にA～C案の何をきめたか？（命令の分析と決定）

第2状況

師団長は「任務分析」の結果、達成する目標として

▼もっとものぞましい目標は、中川盆地に侵入する敵を撃破して、東山隘路を占領すること。

▶X軍第１歩兵師団の７月１日朝の状況

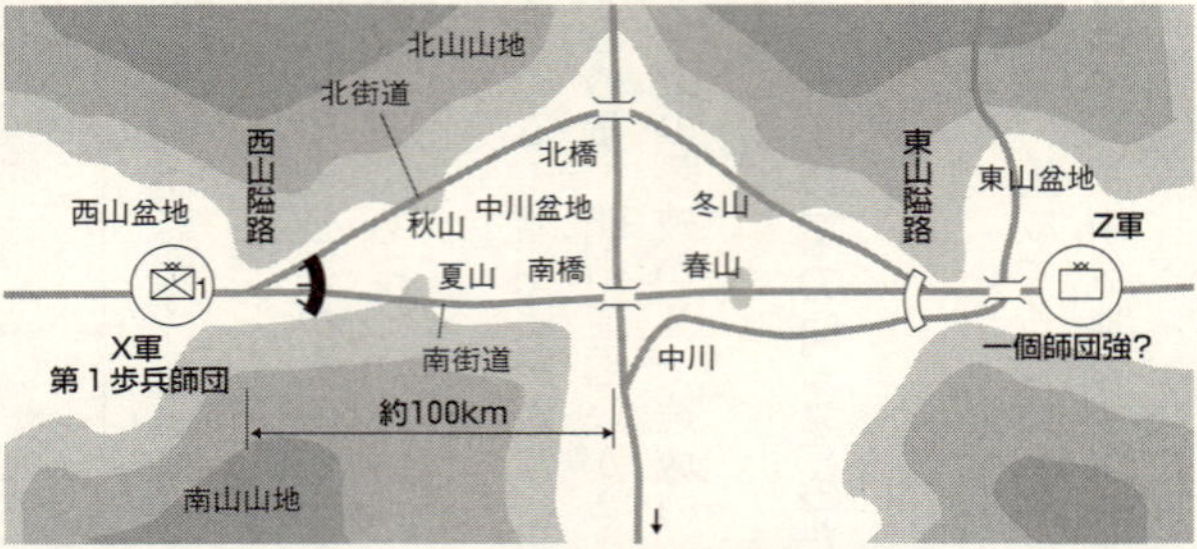

任務は「第１軍団（第１師団の親部隊）の中川盆地進出の援護」。敵Z軍は、東山盆地に集結中。中川は、北橋、南橋とその付近以外は渡るのがむずかしい。西山隘路から中川までは約100km。北橋から南橋は約50km。

▼つぎにのぞましい目標は、中川南北の線を確保すること。
▼最小限度の目標は西山隘路を確保すること。
と判断した。さて、このなかのどれを、最初に考えるべきなのか？

中川盆地は、師団級部隊の決戦に必要な十分な面積を有する地域である。そして、ここには、いまのところ、両軍の大部隊が進入していない。いわば、この盆地は、両軍にはさまれて、支配の真空状態となっている。また、両軍は、ほぼ同等の相対戦闘力と機動力がある。

以上の認識の結果、現状況の戦術的特性は、Z軍が中川盆地に侵入することを、当然として覚悟する必要があり、かつZ軍の侵入までに時間の余裕がないことも、覚悟しなければならないと判断した。すなわち、敵師団主力と中川盆地において激突することが、確実であると考えるのが妥当である。

したがって、**作戦の基調（戦術目標やリズム）を決定することが第一であると考え、機動戦により、中川盆地に侵入する敵の撃破を考え、戦うことを前提にして、戦術目標をきめるC案を、当面の目標として決定した。**名将の言を借りれば「だから、どんな場合でもまず攻撃できないかを考えよ」（ナポレオン）、「攻撃だ！　すべてはそれからだ」（パットン）である。

師団長はつぎに、戦場となることが予想される地域の戦術的研究を開始した。

ページ②「前提」の、作戦する地域の規定である。

Q2　戦術的に意義の高い地形（緊要地形）を選定し、次ページ上図に丸をつけよ（作戦する地域の規定）

第3状況

師団長の選定した緊要地形は170ページ上図のとおりである。西山隘路、東山隘路、北橋、南橋だ。この場合の緊要地形は、占領の目標となりうる地形である。つまり、東山隘路口は、最大限の任務を達成する場合の目標になり、西山隘路口は、最小限の任務を遂行するため、ぜひとも確保すべき要地である。

中川は中川盆地を二分している。つまり、予想戦場は西部中川盆地と東部中川盆地のふたつになる。このふたつの予想戦場を連接する地点が北橋、南橋であり、それぞれ予想戦場において目標になりうる地形である。いま、重要だと考えた地域・場所をむすぶ接近経路も、大事である。作戦線となる道だからだ。

師団長はついで「敵の可能行動」を考えている。敵の可能行動を列挙し、敵が採用する公算の大きい可能行動を判定するのだ（159ページ②「前提」参照）。

敵の可能行動の判定にあたっては、〝実行の可能性（possibility）が大きい〟ことと

▶Q２／重要な地点（緊要地形）を選定し下図に丸をつけよ

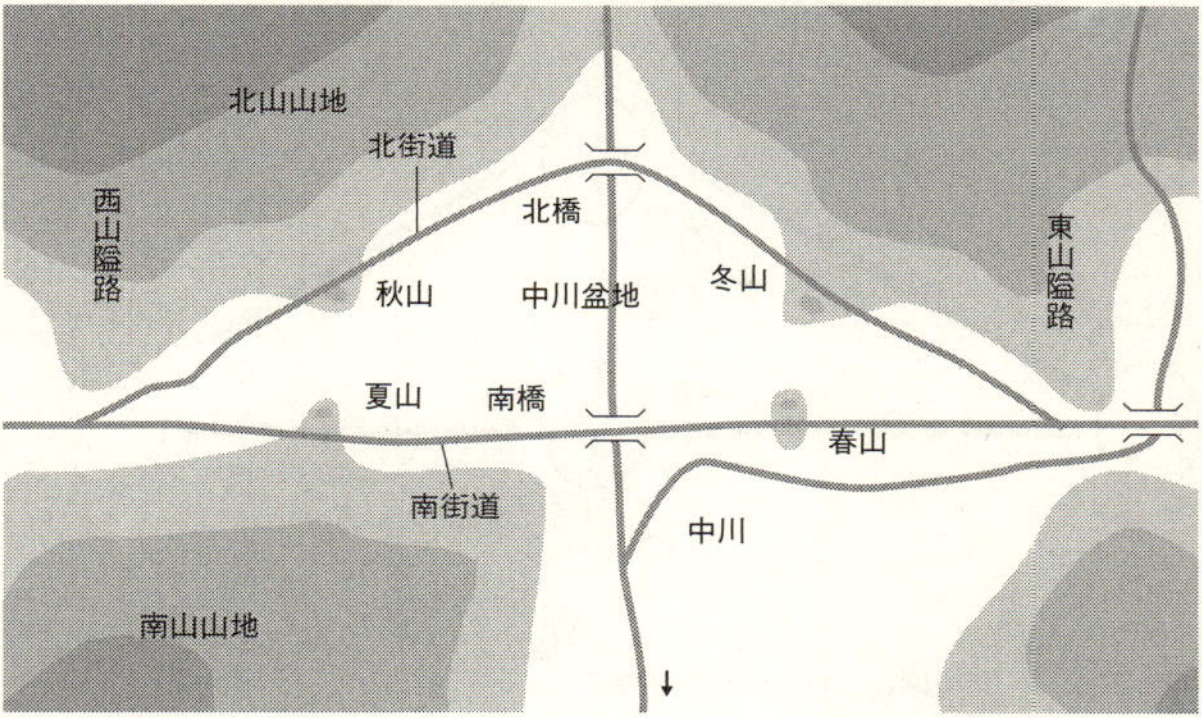

〝採用の公算（probability）が高い〟こととをきちんとわけ、混同しないことが大切である。実行の可能性がひくくても、奇襲の可能性が高ければ、大胆な敵指揮官なら、採用する公算は高い。

なにか、敵のわかりやすい動き（兆候）があれば、それに対応するのにもっとも有利な作戦方針を決定できる。しかし、実際には、そんなことはまずない。

戦術のむずかしい点のひとつは、ここにある。敵はかならずしも、合理性にもとづき作戦方針を選択しないのだ。競合相手の動きがいつもわかるというビジネスマンは、まずいないのと同じだ。師団長が列挙した、敵の可能行動はつぎのとおり。

Ａ予想：西部中川盆地において攻撃する。

▶Q２／解答

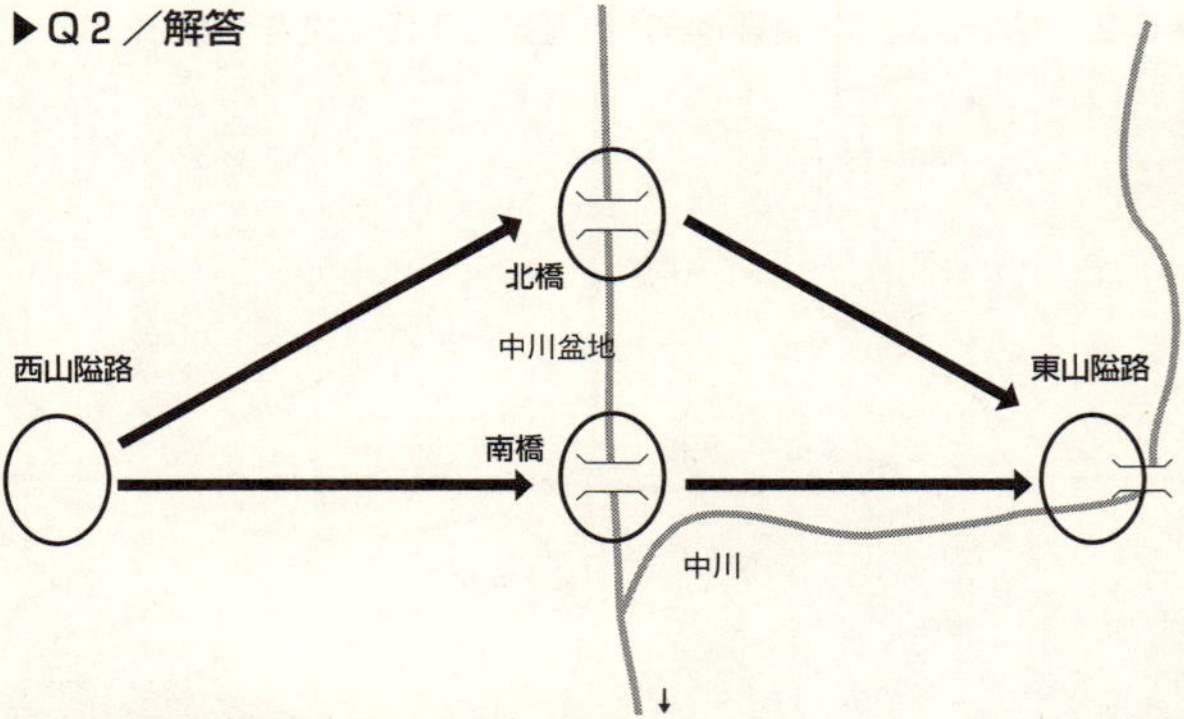

それぞれ、予想戦場になりうる地点である。

B予想：東部中川盆地において攻撃する。
C予想：中川において防御する。
D予想：東山隘路において防御する。

Q３　敵は、A～D予想のどれが、自軍にとって有利だと考えるか？　その場合のZ軍の弱点は？（敵の行動を予測し弱点をさぐる）

第４状況

111ページの Battle 12 で説明したとおり、敵にとってもっとも有利なのはA予想である。なぜならば、**A予想であれば、敵はこちらに対して、北街道と南街道から、集中的に攻撃できるからである**（**外線作戦がとれる**）。

そして師団長は、そのために敵は、北橋と南橋の両方を先取りする必要があることと、

敵にその時間的余裕がかならずしも十分でないことが問題点であると判断した。

さらに、A予想において、北橋の奪取と南橋の奪取とどちらが重要であるかを考えた。その場合、こちらが北街道を前進した場合に退路にせまることのできる南橋の奪取が、より重要であるとした。

B予想の場合、外線態勢をより有利に獲得するには、東山隘路と北橋を奪取しなければならない。これには東山隘路から遠い北橋の争奪の競争になり確実性がない。

C予想の中川において防御する場合は南北両橋奪取が必要である。D予想の東山隘路における防御はもっとも可能性が高く、堅実であるが、ほとんど中川盆地を支配することはできない。このようにみると、南橋の占領は敵にとっても重要な中間目標になるであろう。

じつは敵にとっていちばん労力が必要なのは、A・C予想であり、ついで、B予想である。ただ、大変なだけ、うるものも大きい。そして、**こちらにもっとも影響が大きく、危険な敵の可能行動は、A予想なのだ。**師団長の判断は、この思考過程をもとにしている。

つぎに、「分析」をおこなう。敵の可能行動に対し、こちらの主導性を発揮できる「こちらの行動方針」を列挙し、敵の可能行動と噛みあわせて戦術シミュレーションを実施し、最良の行動方針を決定するのだ。列挙した行動方針は174ページA案〜C案のとおり。大きい矢印のほうが主力である。

Q4 各案の利点と欠点は？ どの案を採用するか？（行動方針の順番をきめる）

第5状況

戦いの原則に主導の原則がある。主導は多くの場合「先制」によって獲得できる。先制を獲得する方法は、「先の先」「互いの先」「後の先」があると剣道では教えている。戦術も同様である。

敵がなにかの戦術行動をおこす矢先を急襲するのは、「先の先」である。数倍の敵がこちらを攻撃しようとして、動き出す直前に、出バナを攻撃して勝利した名将は多い。戦機の捕捉の名人が可能な戦いかただ。

主導の原則をかたくなに信じる、まじめな生徒は「互いの先」を争う。互いの先を争うことが、主導の原則に忠実な戦術であると信じているためだ。

しかし、横着な生徒はそうではない。まず、敵に先制を提供する。敵は先制を獲得するために必死になる。結果的に戦闘陣形が多少乱れても許容する。ここが横着な生徒のつけ入るスキである。十分にかまえていて、このスキを待っている。これが「後の先」だ。

さて、敵は中川盆地に乗り入れてくるかぎり、真っ先に南橋の奪取に主攻を向けるだろう。つまり、この場合の〝先〟とは、南橋の奪取だ。

しかも敵が動き出す時期は不明であるが、こちらより早いことも十分考慮しなければならない。それにもかかわらず、「先の先」をねらうC案は、幸運の神にたよりきるようなものである。なぜ「先の先」かといえば、敵が北街道に主力を向けた場合、その弱い下腹（退路に近い）にせまりうるからである。

先の先をねらわないで、C案を採用する場合には、柔軟性が高いかもしれないが、敵の出方に引きずられる可能性が高い。「とりあえず――」の案にすぎなく、主導の原則に反する。

そこで、「互いの先」を争うB案を採用するのはどうか。これは、一か八かの要素が出てくる。つまり、南橋を敵にとられた場合は、作戦計画の大変更が予想される。

思い切って南橋を敵にあたえる案は「後の先」をねらうA案である。A案は、つねに退路（北街道は、南橋方向からの攻撃によって、しゃ断されやすい）をしゃ断されるおそれがあるが、敵を誘致導入できる可能性が大きい。

▶Q４／A～C案の利点と欠点はどこにあるのか？ どの案を採用するのか？

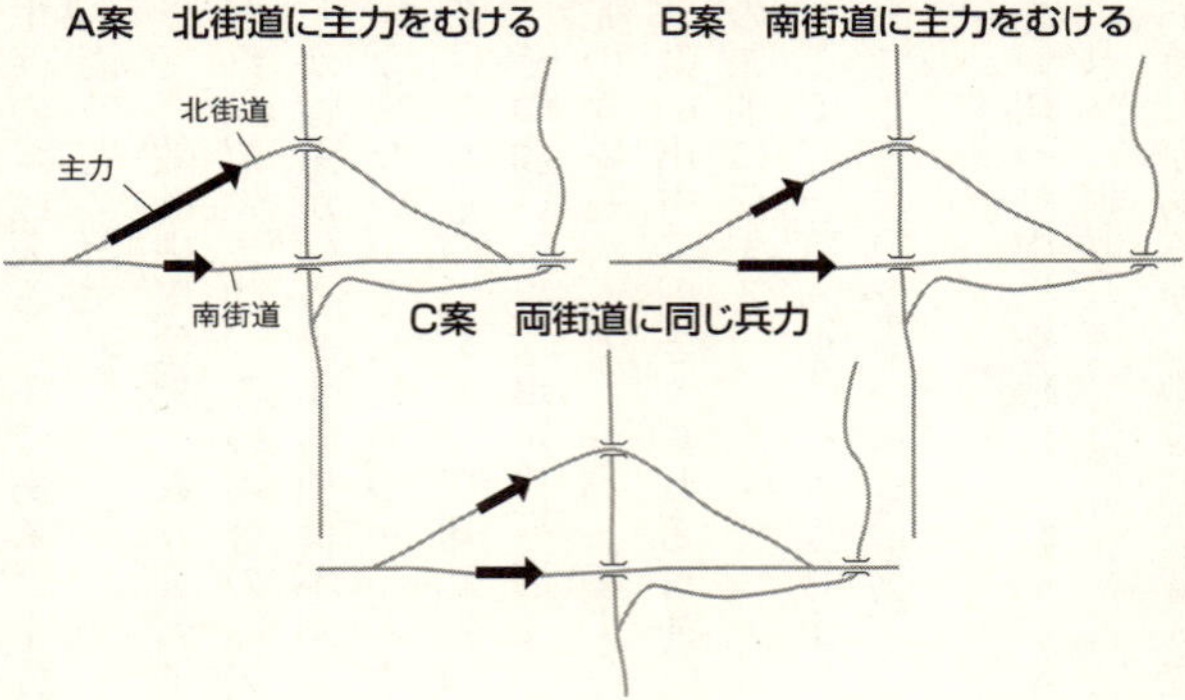

ふり返ってみれば、師団長は作戦の基調として「敵と決戦したのち、中川盆地を確保」すると決定していた。ということは、後の先によって敵を撃破することも可能である。この思考過程の結果、師団長は、**後の先をとる、A案を採用した。**

ナポレオンはアウステルリッツの三帝会戦において、いったん敵に緊要地形を提供しておいて、敵のよくばった動きによって生じたスキに乗じて攻撃して、大勝利を獲得した。

さて、ある営業マンの新入社員が、某製造会社に勤務して一年後、転職したくなった。そのときの考え方と、今までみてきた、最小、最大期待値の関係は、つぎのようになる。

●昔の友人に相談すると、独立して商売をやれという。　「一か八か案」

●恩師に相談すると、商社を紹介するとアドバイスされた。「最大期待値案」
●郷里の母親に相談すると、郷里に帰って家業を継げと歓迎された。「最大安全案」
●身の上相談所を訪ねると、公務員試験をうけよと勧められた。「最小後悔値案」

行動方針にはそれぞれ一得一失がある。〃どの案を採用するか〃は合理的な理屈では、決定できない。それ以前に本人のはらがまえをきめなければならない。

第二次世界大戦における名将ロンメル元帥は「戦闘においては、いかなる場合においても〃大胆な案〃を採用せよ。大胆な案は一か八かの案とは異なる。大胆な案は、最悪の事態における代替案をもち、それに転換できる予備を保有していることである」とのべている。

以上、Q1からQ4で、もっとも一般的な状況判断の思考順序を紹介した。プロの軍人は、日夜、状況判断の訓練を重ねている。しかし、実戦を訓練の場でつかえるわけではないのもまた事実だ。

以後の問題では、決心のみを説明するが、そこにいたる過程においては、いままで説明してきた、「命題」「前提」「分析」「総合」「結論」の思考順序を、かならず活用する必要がある。

▶第6状況・作戦図

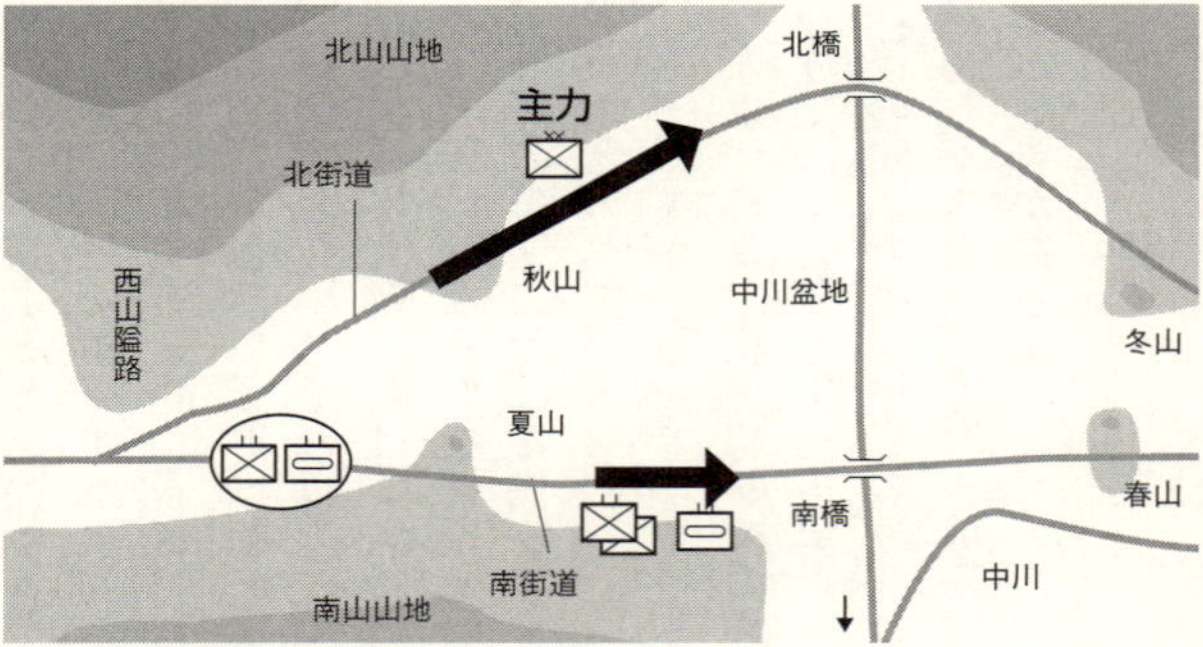

主力は北街道を前進している。

第6状況

師団長の決心にもとづき、X軍第一歩兵師団は前衛部隊に対し、中川に向かい前進を命じた。一日夕刻、主力の機動部隊の六個歩兵大隊、二個戦車大隊は北橋をめざして北街道を前進し、二個歩兵大隊、一個戦車大隊が南街道を南橋をめざして前進した。一個歩兵大隊、一個戦車大隊が、西山隘路東方に予備として待機した。

二日払暁、X軍前衛部隊は、中川付近においてZ軍と激突し、さらに主力の先頭部隊が戦闘に加入した。この結果、X軍は北橋を占領したが、南橋はZ軍が占領した。正午ごろの戦況は178ページのとおり。

北橋では、X軍歩兵二個大隊が対岸に進出していたが、強烈な抵抗をうけ、前進困難となっていた。X軍火力部隊の主力は、かんたんには火力優勢を獲得できない状況である。

南橋では、Z軍歩兵三個大隊、戦車一個大隊が橋頭堡を占領し、Z軍火力部隊が前線、後方の全域に火力優勢を発揮している。X軍は小反撃をくりかえしつつ、橋頭堡の拡大を阻止している。東山隘路の状況は不明である。X軍第一師団長は、つぎの戦闘指導を検討中である。

A案：引きつづき北街道に沿い攻撃
B案：南橋のZ軍橋頭堡を攻撃

Q5　敵の戦力を読む（A案か？　B案か？）

第7状況

X軍は北橋を確保したので、南北両側から包囲をうける可能性はすくない。しかし、南橋を占領したZ軍は、X軍の背後連絡線（北街道）にせまることになった。

師団長は、北橋のZ軍の火力がかなり強力であることから、Z軍は有力な増援をえている可能性があると判断した。また、Z軍は南橋を重視していると判断した。

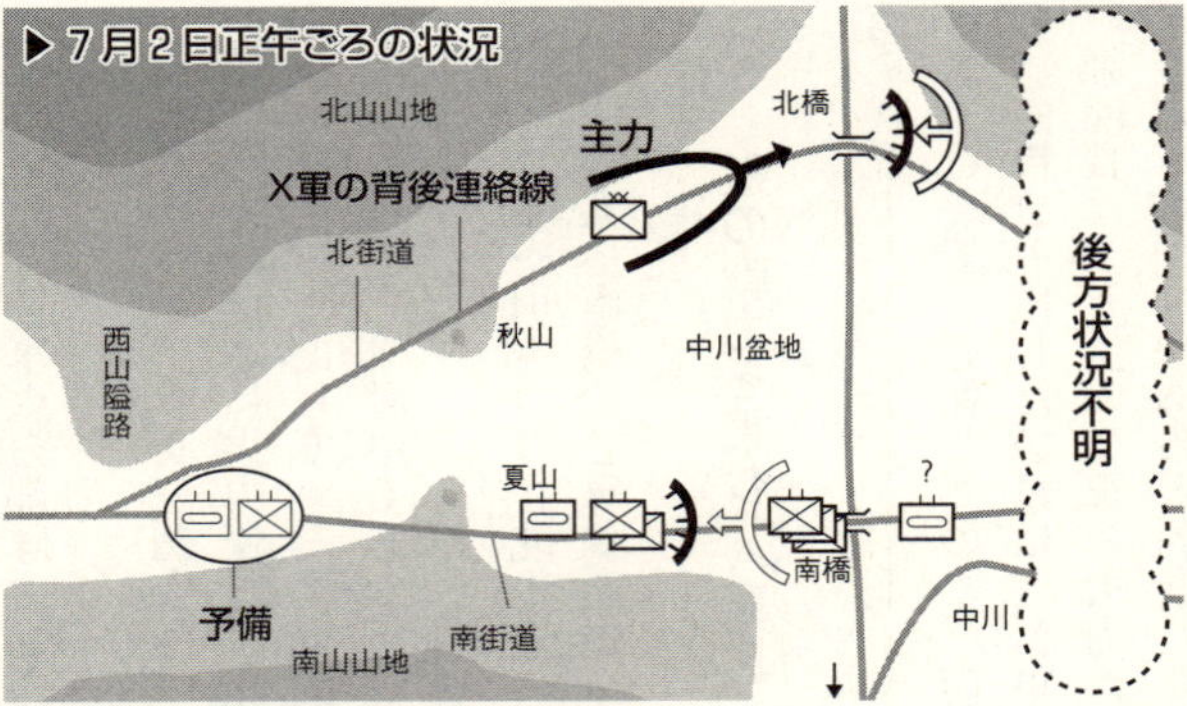

北橋はX軍が、南橋はZ軍が優勢である。

このまま、引きつづき北橋方向に攻撃を続行すると、Z軍の主攻と入れちがいになり、X軍は背後連絡線をしゃ断され、包囲されることになる。しかも敵兵力が、こちらよりも増大しているかもしれない。これは危険である。

かりに敵兵力が増大していても、中川によって前後に敵が分離していれば、各個に撃破することができるだろう。

ということは、南橋西側に進出した敵をまず撃破することが肝要である。

しかし、昼間に作戦変更すると敵に見破られ、南橋西側に進出した敵は防御に移行し、堅固になるだろう。そしてZ軍がつぎに北橋奪取に転換すると、X軍は西部中川盆地で「内戦態勢」に立たされる。北橋方向と南橋方向の両方から、はさみ撃ちをうけることになるのだ。

すなわち、Z軍が、有利な「外線態勢」を獲得することになる。そのような事態になる前に南橋西側に進出したZ軍を撃破することが重要である。

大胆な計画（後の先をねらった決心）の甲斐があったと、自分にいい聞かせた師団長は、

「明朝南橋の敵を攻撃する。態勢の変換は今日夕刻以降おこなう。それまでは、北橋方向から攻撃を続行し、敵をダマせ（A案）！　師団火力を最大に発揮して、敵の航空攻撃を、北橋方向に引きつけよ。X軍の航空攻撃は、南橋正面の危機までがまんして拘置せよ。予備を、夏山まで前進させて、万一にそなえよ！　さらに上級部隊に増援を要求せよ」

と、即座に決心にもとづく処置を命令した。

日没直前、南橋正面は危機におちいり、損害は二五％におよんだが、航空攻撃によって敵の前進を一時的に阻止した。師団主力の夜間における態勢変換は順調にすすみ、二個歩兵大隊、一個戦車大隊をもって北橋を防御させ、三日早朝、主力は、予備をふくめ全力をあげて南橋のZ軍橋頭堡の北翼から攻撃した。

奇襲されたZ軍は、約三〇％の損害をだして、昼ごろ中川の東岸に退却した。師団長は間髪を入れず、南橋を占領して、夕刻までに歩兵三個大隊、二個戦車大隊を

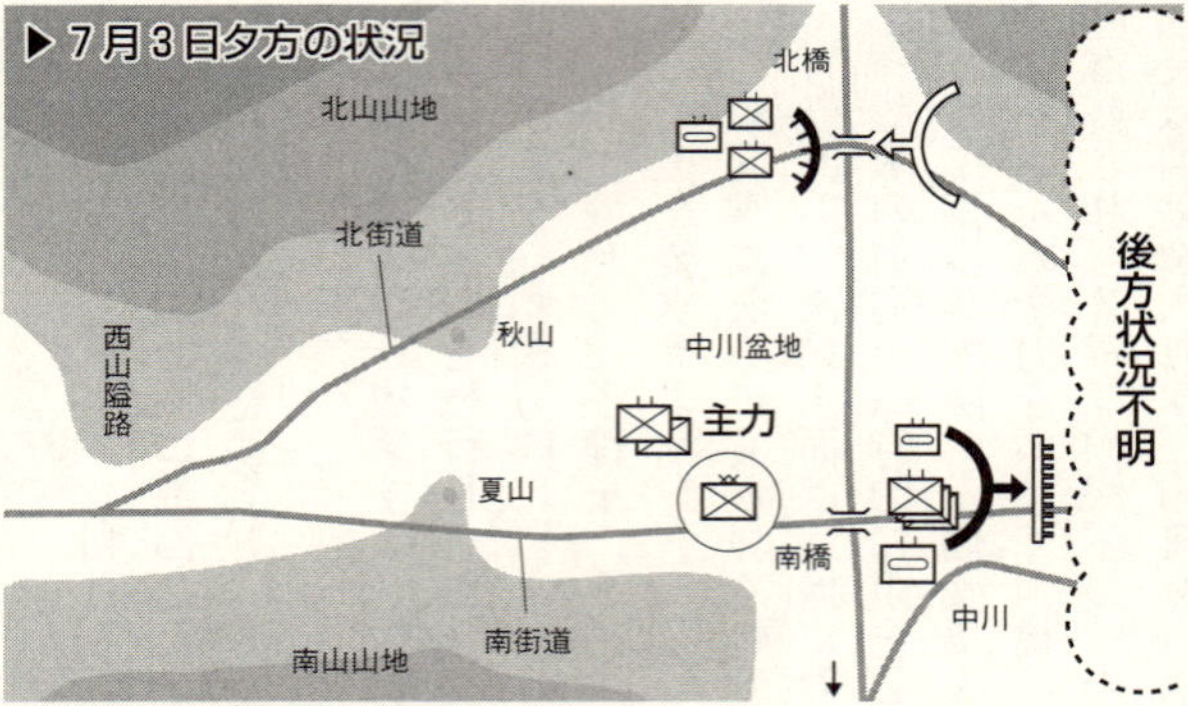

師団長は4日朝以降の作戦を考えている。

対岸に押し出した。

しかし、北橋正面は、夕刻までに敵の圧迫をうけ、守備隊は西岸に撤退し、橋梁を爆破してよいかとの許可をもとめている。これまでのX軍の損害は、北橋正面約一五%、主力約五%である。三日夕の状況は上図のとおり。

師団長は四日朝以降の作戦方針を考察中である。師団長が列挙した案は、

A案：主力をもって北街道から、有力な一部をもって南街道を攻撃し、東部中川盆地において敵を撃破する。

B案：主力をもって南街道から攻撃し、東部中川盆地において敵を撃破する。

C案：敵を北橋方向から西部中川盆地に誘致導入し、撃破する。
D案：遅滞行動に移行し、最終的に西山隘路において防御する。
E案：中川の線において防御する。

Q6　どこを攻撃すれば有利か？（A～E案のどれがいちばん適切か？）

第8状況

A案は机上の策案としては合理的であるが、現在の戦力から、主力の転用が必要であり、攻撃準備がおくれる。さらに、北橋防御部隊は戦闘に疲れていると判断すべきであり、すぐには攻撃につかえず、遊兵になる。

B案は簡明な案であるが、敵も予期しているところであろうから、正面衝突になる可能性が高い。当然、こちらの損害も大きくなる。D案は損害を最小限にでき、敵に肩すかしをくわせるが、確保地積がすくなく、消極的である。

E案は地域を十分に確保できるが、防御準備に時間がかかりすぎ、現状では、その時間的余裕がない。C案は敵が消極的であれば、随時AまたはB案に変更可能であり、敵が消極的であれば、西部中川盆地において敵を撃破できる。

師団長は敵の可能行動について考察した。敵は予期に反して南橋をうしなったが、北橋をほぼ手中にしている。つまり敵は、南橋に進出して防御態勢に入ったX軍を、主力をもって撃破するのが、第一の可能行動である。第二の可能行動は、X軍が中川によって分離している弱点に乗じて、戦場を引きつづき西部中川盆地にもとめ北橋方向から攻撃する案である。

このふたつの案のうち、敵が第一の案を採用すれば、戦場は東部中川盆地に移る。南橋東側のX部隊はすでに防御態勢にあり、対応に時間の余裕をえて十分対応可能であり、X部隊はこの間に北橋を奪取し、東部中川盆地における外線態勢を、確立することができよう。

しかし、もっとも危険な案は第二の可能行動であり、中川南北の線の確保もあやうくなる。そのほかにも敵の可能行動はいろいろ考えられるが、いずれも危険な案ではない。

師団長は**直接敵主力部隊の撃破を追求でき、もっとも危険な敵の可能行動に対応できる、北橋を重要視したC案を採用することにした。**さらに師団長は、C案成功のためのカギを考えた。

A案：北橋正面における抵抗を弱めること

B案：南橋東岸に進出した部隊を撤退させないこと

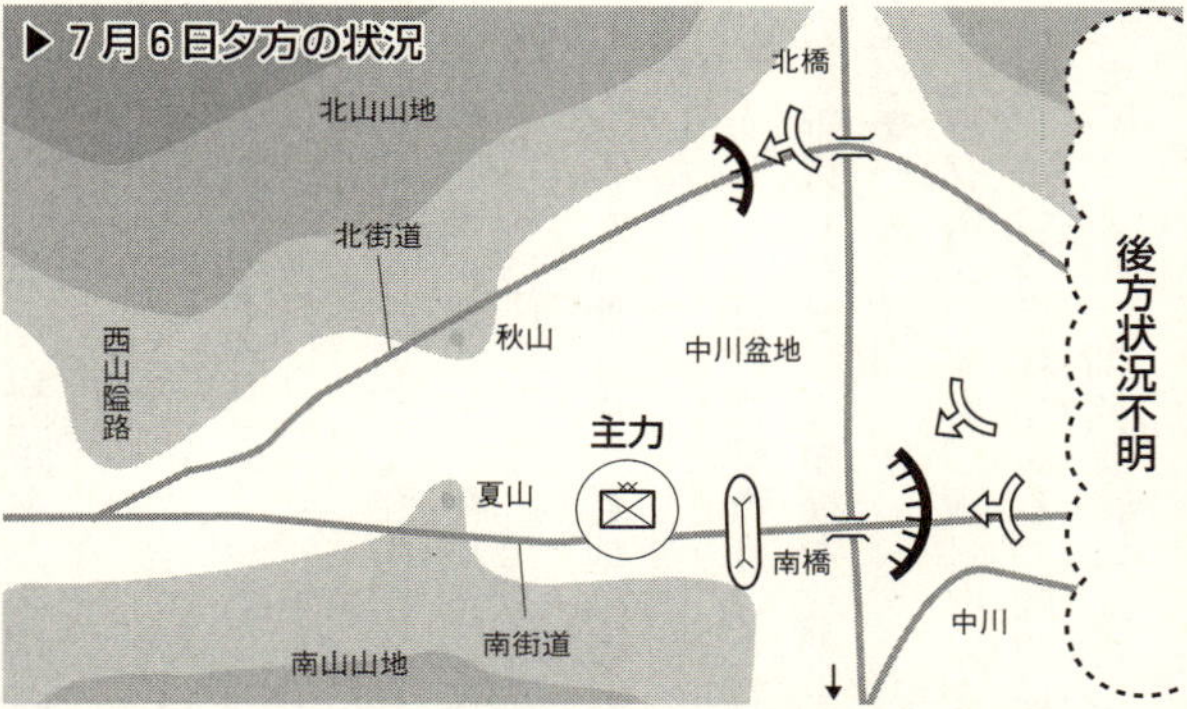

主導権をもっているのは、あいかわらずX軍だが、師団長は悩んでいる。

Q7　流動する状況を考える（A案、B案のどちらが適切か？）

第9状況

まず、敵のZ軍にとって、なにが一番有利なのかを考えてみる。Z軍が、北橋方面から中川を渡りさらに南橋西側に進出、X軍を撃破するという作戦方針が考えられる。一種の「迂回機動」である。

もしそうであれば、北橋からの攻撃に先だって、南橋東側に進出したX部隊が撤退すれば、それだけでZ軍は、戦術目的の半分を達成することができるきわめて合理的な案である。

これにより、南橋東側のX部隊が撤退すれば、西部中川盆地における相対戦闘力が優位になり、一挙にX部隊主力を撃破できる可能性が高くなり、戦術目的を完全に達成できる。

ということは、X軍にとっては、南橋東側のX部隊が、引きつづきそのまま動かないことがのぞましい。つまり、**南橋東側のX部隊の存在がカギとなる。B案である。**

敵は北橋を、力ずくでも占領してくるであろう。

南橋正面において、中川東岸に進出した第一線部隊が重要だと考えた師団長は、師団火力の主力をもって、南橋第一線部隊を支援する一方、機動部隊を後方に下げ、北橋から西部中川盆地に侵入を予期される敵主力に対し、「待ち伏せ」の態勢に移行した。

しかし、三日に打撃をうけた敵は、再編成のためか、四日中には、南橋正面に圧力を維持したが、大規模な攻勢をおこなわなかった。四日夕、全般態勢に大きな変化がない。

五日夕になっても、六日夕になっても状況に大きな変化はない。夜になって戦線は静寂につつまれている。師団長は、第7状況C案の採用に対し内心自信がゆらぎはじめていた。師団長にはふたつの選択肢がある。

A案：引きつづき第7状況C案（181ページ）を追求する。
B案：第7状況AまたはB案（180ページ）に変更する。

Q8　過去の決心は変えるべきか？（A案か？　B案か？）

第10状況

問題は主導権の保持である。攻撃は主導権獲得の最良の方法である。このまま対峙していると、主導権を敵にゆずることになりかねない。しかし、六日夕現在、敵に主導権をゆずってはいない。「自分が悩むときは、敵も悩んでいる」。ナポレオンを破ったウエリントンは「丘の向こう側の心境」を考えることが重要であるとのべている。

師団長は、主導権を維持したいと考えること自体が、主導権をうしなっていることに気がついた。**そして決心を変更することなく（引きつづき第7状況C案を追求して）、ようやく眠りについた。**

七日午前三時ごろ、北橋守備隊は、強烈な夜間攻撃をうけて、秋山に向かい退却し、状況不明におちいった。報告によって眠りから覚まされた師団長は、ただちに作戦室に飛びこんだ。北橋正面がこのようにもろくくずれるとは！　南橋正面にも、Z軍の大規模な火力攻撃が開始された。Z軍の兵力は約一・五師団と見積られた。やはり主導権はZ軍に移ったのか？

Q9　決心を変更して退却すべきか？

第11状況

戦術は、物理的な戦闘力の運用のみでは、成立しない。「戦いの原則」の大部分は、精神的な戦闘力の、巧妙な心理的運用を説いている。精神的戦闘力とは、第1章で触れた目標の原則、主導の原則、奇襲の原則、機動の原則など、九つである。時間もまた戦術の道具だ。作戦のテンポを狂わされると精神的戦闘力は容易に均衡をうしなう。

Z軍は、態勢の整理と再編成に時間を必要としたが、Z軍指揮官は同時に、戦闘のテンポを自分のペースではこぼうとした。精神活動における戦闘を、おこなっていたのである。戦況の推移は、三日夕に判断したものとさほどかわりはない。目標をあくまでも追求し、主導性をうしなわないことである。**決心を変更する理由はなにもない。決心を変更すれば、負けである。**

師団長は決心を変更せず、反撃準備を命令した。七日払暁、Z軍は約一個師団の兵力をもって中川西岸を南下し、南橋付近のX軍に対し攻撃していた。その状況は188ページの上図のとおり。

午前八時、X軍は総力をあげて反撃を開始した。両軍は、航空攻撃の主力を投入した。戦場の上空において航空戦闘もおこなわれた。激闘は数時間におよんだが、ついに午後三時ごろから、Z軍は北橋方向から退却を開始した（188ページ下図）。

戦場には、両軍の戦車、装甲車、その他の車両が無数の黒煙をあげていた。X軍は予備隊をつかいはたしていた。X軍の損害は、師団全体で二五％近くにたっし、兵士は疲労の極限であった。Z軍の損害は、それ以上と判断された。師団長は、今後の戦闘について状況判断中である。

A案：南橋、北橋を占領確保して戦力を回復し、明朝以降の攻撃を準備する（休息）。

B案：南橋、北橋を占領し、中川の線において防御する（防御）。

C案：ただちに北街道、南街道の両方向から東山隘路に向かい追撃する（攻撃）。

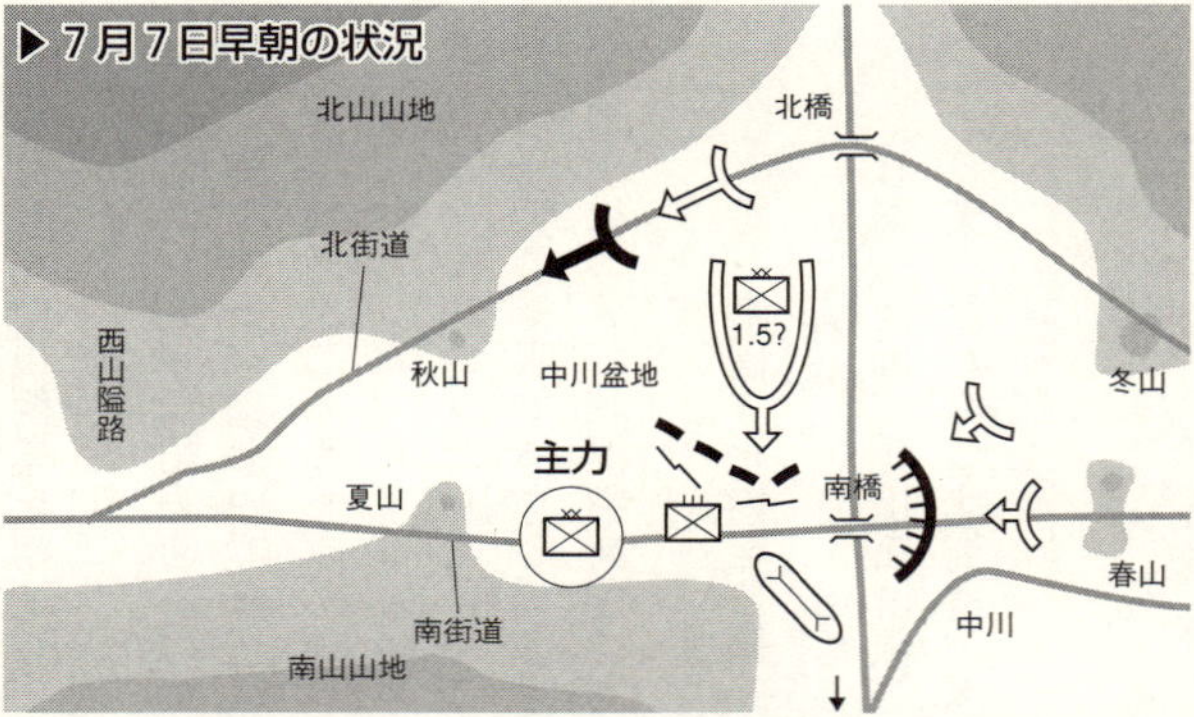

Z軍は約1個師団の兵力で南橋付近のX軍に対しての攻撃をはじめた。

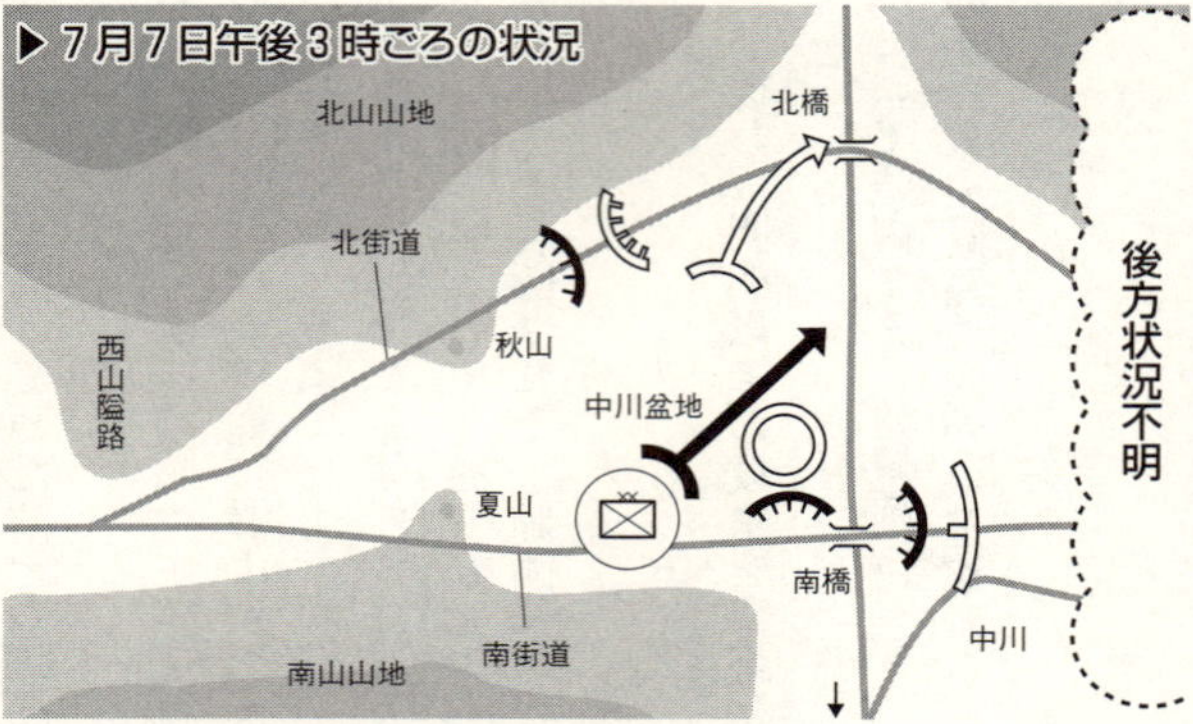

X軍の反撃により、Z軍は北橋方向から退却を開始した。

Q10　休息？　防御？　攻撃？（A～C案のどれか？）

第12状況

　師団長は無線機をとって、C案である**「目標東山隘路、全軍追撃開始！」と命令し、みずから南街道にそい進撃を開始した。**「勝利の果実は追撃によらなければ刈り取れない」との原則にしたがったのである。A、B案は検討する価値もない。しかし、部隊の疲労こんぱいと損害をみる指揮官は、しばしば追撃の決心はできないものである。

第5章

『Simulation 2　海に浮かぶ、仮想島〝Q島〟』
～少人数をひきいる現場指揮官の決断

▼この章では、まったく架空の仮想島〝Q島〟をまず設定する。ここで、架空の部隊、架空の組織が、架空の戦闘をおこなう過程をシミュレーションするのだ。すべてフィクションであり、現実とはなんの関係もない。その主役は八人の部下をもつ、現場の指揮官である。

仮想地形〝Q島〟を設定する

イギリスでは、ユニークな戦術教育の方法をとっている。それは仮想のランド（島）を大西洋に設定し、その地における戦闘を仮想する方法だ。ここでは、その手法をまねることにする。

戦術を学ぶためには、第一線の兵士（現場の最前線で戦っている兵士）がどのように戦っているのか、を知らなければならない。第一線兵士にも戦術がある。つまり、最初に第一線兵士の戦術を理解したうえで、上級部隊の戦術に触れるのが筋論である。彼らがいちばん敵に近いからだ。だが、第一線兵士の戦術は一般理論よりも、特殊理論が支配する世界である。

個々の兵士の個性、能力、感情、戦闘の環境に個別性が強く、これが普遍的であるという説明は困難である。彼らの戦闘における判断の基準は「勝利」よりも、「生き残り」が支配的である。

また、全般状況がかなりの影響力をもつ。祖国で待つ恋人、母親への気持ち、新聞などのマスコミ報道はもちろん、現実にともに戦っている戦友、所属している部隊の活動と、その置かれている状況が、個々の第一線兵士の判断に影響をおよぼす。

古今の名将に「戦場とはなにか？」と問えば、ほとんどの場合「静寂と孤独」であると答えている。とどろく砲声、爆発音、戦友たちの叫び声、それらはなにも耳に入らないといわれている。そのような極端な孤独のなかでもっとも必要なのは、頼りになる一人の指揮官である。それは、たとえば分隊長だ。分隊長は、数人〜一〇人程度の指揮官でしかない。会社組織でいえば、係長に相当するだろう。本章では、少人数を指揮する分隊長の状況判断と決心についてとりあげる。さらに大きな組織、数千人を動かす戦闘団の指揮官の決断については、第6章でふれる。

また、このシミュレーションでは、米国ＣＩＡが使用している戦闘シミュレーション・モデル、ＴＮＤＭ（Tactical Numerical Deterministic Model）を活用した。これは、十七世紀から二十世紀にわたる、全世界の戦闘・戦史のデータをベースとして作成されたもので、今日、もっとも現実に近い解答をだすシミュレーションといわれている。

くりかえしになるが、このシミュレーションは、まったく仮想の国、仮想の軍を想定している。しかし、より分かりやすく説明するために、本章、第6章の登場人物の名前は、日本名を使用している。すべてフィクションであり、実在のいかなるものとも、なんの関係もない。

仮想島“Q島”基本情報

- 面積は四国と九州を合わせた程度。
- Q島の中央付近から西海岸中央部に、豊富な石油資源が埋蔵されていることがわかっている。
- ふたつの国家、LQ国とSQ国が存在している。
- LQ国はSQ国の2倍の国土の広さがある。
- Q島の西方海上約80海里にZ国がある。
- Q島の北方海上約50海里にX国がある。

*　　　　　　　　　　*

※おもに作戦が展開される、さらに小さな地域は、その都度、地図として本文に示す。そのなかでも、左図と255ページ下の地図は重要である。本章、第6章を、読む上で、とくに参考にしていただきたい。

※また、本章と第6章は、まったく、おなじ時間、場所での作戦の小部隊（本章)、大部隊（第6章）におけるシミュレーションである。そのため使用される地図、時間、作戦などはすべて共通である。

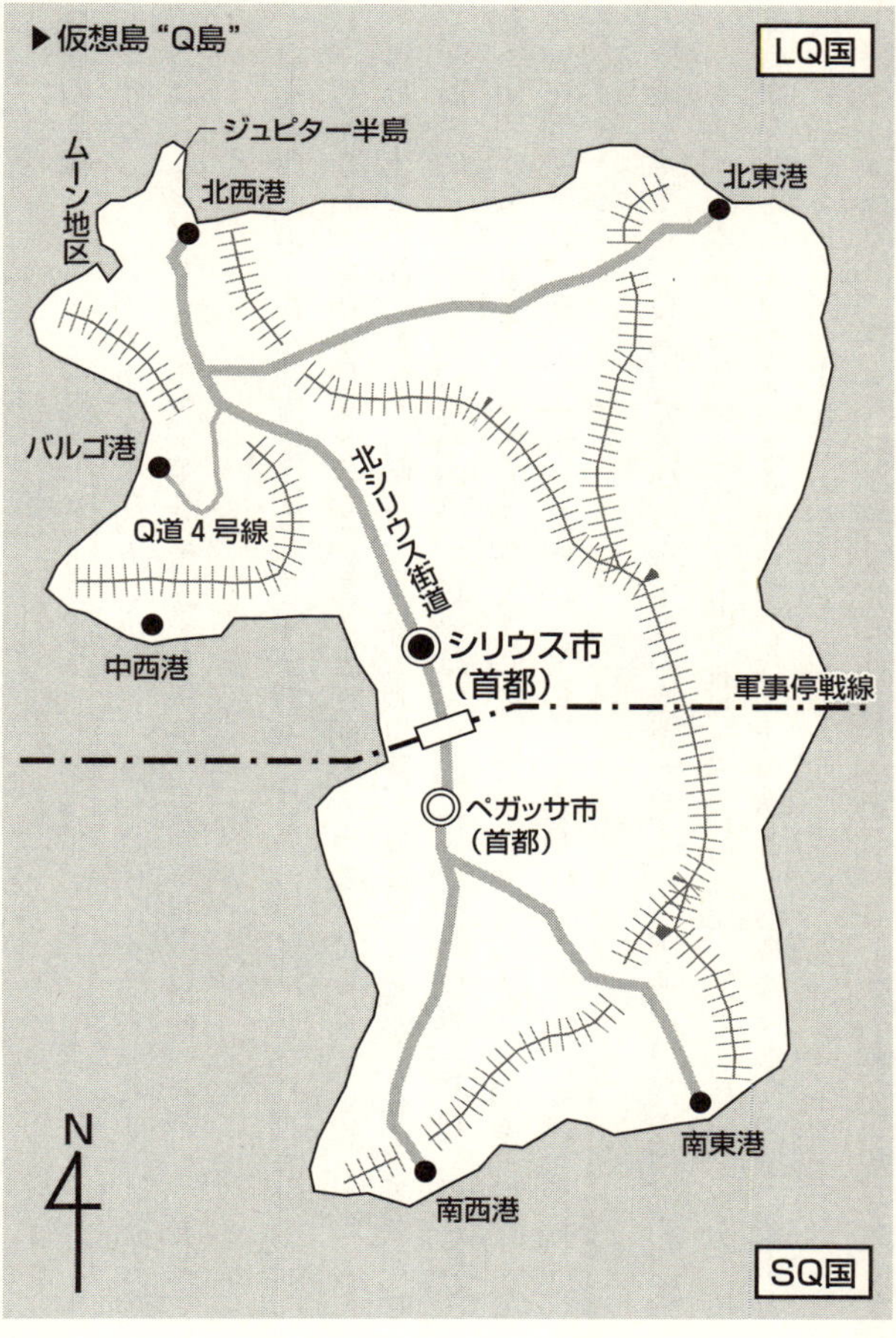
▶仮想島“Q島”
LQ国
ジュピター半島
ムーン地区
北西港
北東港
バルゴ港
Q道 4 号線
北シリウス街道
中西港
シリウス市
(首都)
軍事停戦線
ペガッサ市
(首都)
南東港
南西港
N
SQ国

Q島の全貌

仮想として、X国の南方海上約五〇海里に、九州と四国を合わせたような面積の〝Q島〟があることとする。第5章、第6章は、この仮想のQ島において、展開する。

Q島の西方海上約八〇海里には、Z国がある。Q島の中央付近から西海岸中央部に、豊富な石油資源が埋蔵されていることが明らかとなっている。

Q島全土を支配していたQ国は、世界大戦以降、Q民族主義派とZ国主義派が対立し断続的に激しい内戦をつづけ、Q島は実質的にふたつの国家「LQ（Large-Q）国」と「SQ（Small-Q）国」に分裂していた。これに対し、大国であるP国が、LQ国を間接的に支援し、一方、Z国が、SQ国とLQ国内のZ国主義派を間接的に支援していた。

冷戦が終了し、Q島内の内戦にも停戦の機運が生まれ、国連はQ島の南部約三分の一をZ国主義派「SQ国」、中央・北部地域をQ民族主義派「LQ国」に区分して休戦線を設定し、停戦監視にあたっていた。そのあと、内戦に疲れた両派の軍事力は、いちじるしく旧式化していた。

国連は冷戦後に多発する小規模戦争に対処するため、二十数年来の懸案であった

「国連決議による平和創造軍（peace-making forces）の派遣」政策を決定していた。平和創造軍とは、国連の決議によって、対立するふたつ以上の主権団体の戦争が発生した場合、そのなかに実力をもってわって入り、停戦を強要する軍である。当然、その作戦目的は「現状維持・回復」であり、その行動には、戦争と同様の武力行使をともなう。国連安保常任理事国となったＸ国は、Ｘ国周辺の平和維持に、国際的な責任を求められていた。

Ｘ―一年、ＳＱ国の国王オリオンＱは、核武装に成功した結果、ＬＱ国に対し強硬政策をとりはじめた。さらにこれを非難するＸ国に対して、核恫喝をおこなっていた。

一方、急激な経済成長によって「富国強兵」に成功しているＺ国は、国内における経済格差の不満をそらすためと、Ｚ国における反政府勢力とひそかに提携する、ＬＱ国に対する敵意から、強硬政策をとった。「ＬＱ国はＳＱ国に対する侵略を準備し、かつＺ国の転覆を画策している。Ｚ国はこれを見のがすわけにはいかない」として、ＳＱ国のオリオンＱの要請をうけ第三一軍、第三九軍をふくむ約三〇万（基幹部隊は六個歩兵師団、二個機甲師団、二個砲兵師団）の兵力をＺ国義勇軍の名目で、ＳＱ国に渡洋派遣した。これによってＱ島は、一挙に戦争の危機をむかえて緊張がたかまった。

国連は戦争を予防し、侵略がおこなわれた場合は、これを早期に排除するため、平和創造の任務を有する「多国籍軍」の派遣を決議した。この多国籍軍約六万人には、P国を中心とする数ヵ国が参加した。
X国も参加を求められた。X国では、数ヵ月におよぶ国会での討議のあと、国連安保常任理事国として国際的責任をはたし、かつ、Z国―Q島海峡の平和通航は、国益に重要であるとの認識から、国連が派遣する平和創造軍兵力の約一〇分の一以下の兵力、四〇〇〇名を、後方地域の防衛任務を条件として、派遣を決定した。これが現在の状況である。

第1状況

二月末、X国の嵐少佐の指揮する第一大隊の第一中隊第一小隊に所属する結城軍曹は、タウラス演習場における訓練から解放されたのもつかのま、平和創造軍への派遣を命令された。結城分隊の隊員たちは、X国全土から選ばれた精鋭である。編成はつぎのとおり。

▼分隊長　結城軍曹
▼第一班長　鯨井伍長

班員　馬場上等兵（重機関銃手）
　　　牛久上等兵（操縦手）
　　　犬山一等兵

▼第二班長　板橋伍長
　班員　雉川上等兵（対戦車ミサイル手）
　　　　雀野一等兵（対戦車ミサイル手）
　　　　鷹島一等兵（副操縦手）

分隊は三月一日、X国を出発し、七日、LQ国に上陸した。所要の装備、補給品をうけたのち、十五日にムーン地区に到着した。

十八日からは、ムーン地区入江の北側にのびる北海岸地区に移動し、第一大隊の一番北側の第一線陣地の構築に、汗をかいた。

三月末、おおむね陣地が完成し、嵐大隊長の検閲をうけた。雨期にそなえ、陣地は排水をよくし、ミサイル射撃に対する陽炎《かげろう》の影響を避けることと、射界をひろく獲得するため、地上構築をする新方式をとった。折りたたみ式のプラスチックの箱を広げて速乾コンクリートをそそいで胸壁をつくり、掩蓋部（砲弾の破片から防護する屋根）は、FRP（繊維強化プラスチック）の迅速築城材を使用して骨格をつくり、それに土をおおって偽装した。

四月十五日、ＳＱ国が国連決議を無視し、Ｚ国義勇軍の支援をうけて、軍事力の弱いＬＱ国に対し侵略を開始した。休戦線に配置されていた国連平和創造軍はただちに、ＳＱ国軍を休戦線内に押しもどす作戦を開始して、実質的に国連平和創造軍は戦争にまきこまれた。

しかし、中西部地区やムーン地区に、Ｚ国軍が第二戦線を構築する公算は、低いと伝えられていた。そのため、結城分隊は、しばしば海岸地域の警戒のみならず、ムーン地区全体のパトロール任務についていた。

しだいに、海岸地域に対する警戒心がゆるんでいた。なぜなら、毎朝海上には、数多くの沿岸漁船が漁にいそしんでいたからである。海岸はさすがに、水際地雷（上陸用の船を撃破するため、波うちぎわにうめる特殊な地雷）がうめられ、さらに水際障害物（上陸用の船が海岸につくことを阻止する、杭などの障害物）が、満潮時には頭がちょうど水面にくるように配置されているため、人影を見ることはすくなかった。

五月十五日早朝、ムーン地区の北海岸に、雲霞《うんか》のごとくＺ軍の船団が接近してきた。一番右端の中隊の第一線には、結城軍曹の指揮する第二分隊が、待機所で眠っていた。四時半、歩哨に立っていた犬山一等兵は、自分の眼をうたがった。朝もやのなかに、灰色にうかぶ漁船は、ふだんなら海岸に並行にうかんでいるはずなのに、今朝はいつもの数倍が、海岸に向かってくるではないか。

先輩の牛久上等兵は、腰を下ろしてうたた寝していた。X軍は後方地域の防衛であって、対着上陸防御の準備をしているものの、戦争にまきこまれる可能性はすくないといわれていた。

大急ぎで牛久上等兵をおこし、もう一度眼をこすって見た。Z軍らしい。犬山一等兵の報告によって結城軍曹が飛びだしてきて、分隊を戦闘配置につけ、無線と有線によって小隊長に報告したが、応戦、発砲の命令がこない。五時前、海岸全域にZ軍が上陸を開始し、海岸の障害物を排除しはじめた。結城軍曹は、次の三つのことを考えた。

A案：独断で射撃を開始する。
B案：敵が陣地に射撃するまで、射撃開始を待つ。
C案：小隊長から射撃命令がくるまで待つ。

Q1　まだ命令の出ていない結城軍曹はどう行動するのか？
（A～C案のどれか？）

第2状況

B案は「正当防衛」または「戦友の緊急事態を救助するには、応戦しか方法がないという立場での緊急避難」と、こじつけることができよう。C案は法的にもっとも正当な方法である。

しかし、敵は、水際障害物を排除しようとしているものの、射撃行為はない。たとえば、国連平和維持軍では、国際的慣例として、部隊が攻撃をうけるか、明らかに部隊を攻撃することを目的とする戦術行為に対して、部隊指揮官が、応戦の指揮権を発動することを認めている。国連平和創造軍でも、おなじであった。

X国の法解釈はふたつある。X国が国連の国際活動に参加した場合、そこに適用される国際法は、X国が批准していなくても、あるいは、国際法にもとづく国内法が整備されていなくとも、その国際法を国内法として準用し、裁判所においてとりあげるという意見と、認めないとする意見だ。

しかし、さらに、国連平和創造軍はもちろん、国連平和維持軍であっても、派遣される部隊の交戦規則（rules of engagement）をX国が定めて部隊に徹底しておくことは常識である。

X国では、このような有事規定を定めることは、国会の論議をよぶので、官僚がいやがり、作成されていなかった。

そこで、**結城軍曹は独断、戦闘開始を命令し、みずから射撃を開始した。A案である。**この射撃に呼応したように艦砲射撃が開始され、陣地周辺が爆音と砂塵につつまれた。

戦闘は激烈をきわめた。上陸した敵は、水際地雷原に通路を開設することなく、地雷原を踏みこえて前進した。さらに陣前地雷原（防御陣地からの直射照準火器の射撃によって制圧できる場所に、組織的に構成する地雷原）もそのまま踏みこえて突進してきた。

損害をものともしない前進・突撃に対する阻止力は大きくない。たちまちZ軍兵士たちは陣内に飛びこんできた。さいわい地上構築方式の陣地は、接近戦において防御側に有利である。結城分隊は数波の突撃を撃退したが、鷹島一等兵が戦死し、牛久上等兵が負傷した。

夜になって戦闘が一段落し、おそろしい静寂があたりをつつんだ。戦死した一名の部下を後送したのち、塹壕において、非常用糧食を食べていた結城軍曹は、小隊本部によばれた。

彼は小隊長から「陣地から約八〇〇m離れた、小高い丘の上に、友軍の砲兵観測チームがZ軍に包囲されて孤立している。明朝の反撃にはその観測点の確保が必要である。増援せよ」との命令をうけた。結城軍曹からこの特別任務を聞いた分隊員は、全員、顔面蒼白となった。夜間戦闘におちいる可能性がたかい。

結城軍曹の行動方針は次ページの図と後述のとおり。いずれの場合においても、陣地から約四〇〇mまでは装甲車により低速前進し、そのあとで、装甲車と副分隊長以下三名の隊員を残して、前進拠点とし、そこから主力と衛生兵は、徒歩により観測丘に向かうとした。

A案：道路沿いに前進する（Ⓐ）。
B案：森林内を前進する（Ⓑ）。
C案：小流に沿って前進する（Ⓒ）。
D案：林縁に沿って前進する（Ⓓ）。

Q2　夜間戦闘においてどこを進むのか？（A～D案のどれが適切か？）

第3状況

夜間においては、A案の道路と、D案の林縁は、火力集中点（暗夜や濃霧でも火力

▶Q２／夜間戦闘においてどこを進むのか？

（Ⓐ／道路沿い、Ⓑ／森林内、Ⓒ／小流に沿って、Ⓓ／林縁に沿って）

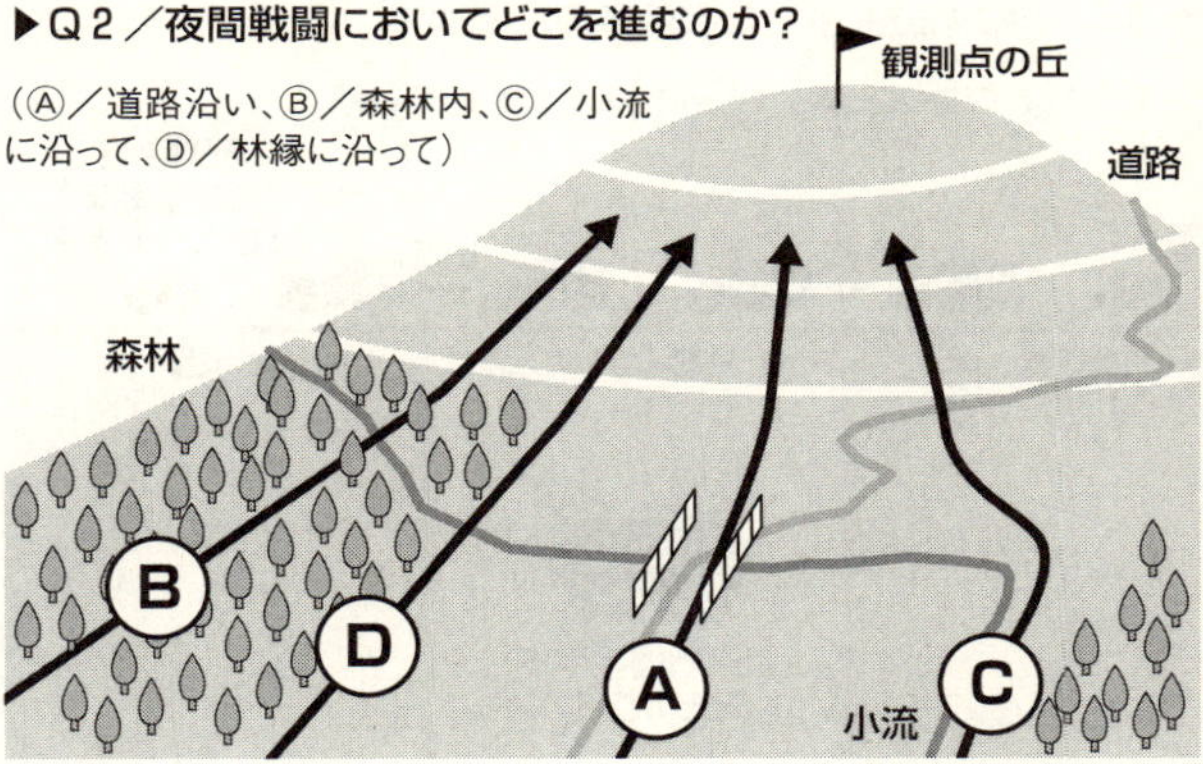

集中ができるように計画された地点）が設定され、かつ監視網が構成されているので危険だ。B案の森林内は接近に安全であるが、夜間には視界がえられないため前進速度が出せず、敵との交戦は近距離となり、部隊の統制をうしなうおそれが多い。

夜間戦闘は、昼間戦闘の逆であり、**低地から高地に向かう攻撃が、目標を発見しやすく有利である。したがって、C案を採用した。**結城軍曹は観測点の丘の近くで敵部隊を突破して観測丘に到着し、つづいて援護射撃を浴びせつつ、装甲車をよび寄せた。

翌十六日の戦闘は、陣前出撃（防御陣地の前にでて攻撃すること）となった。航空攻撃、火力支援と密接に連携した、Z軍の海岸への攻撃ははげしかった。重装備の上陸が不十分なZ軍兵士は、大部分が徒歩兵である。逆襲

▶Q３／捕虜輸送に適した装甲車の位置は？

（A案／10台の先頭、B案／10台の中間、C案／最後尾）

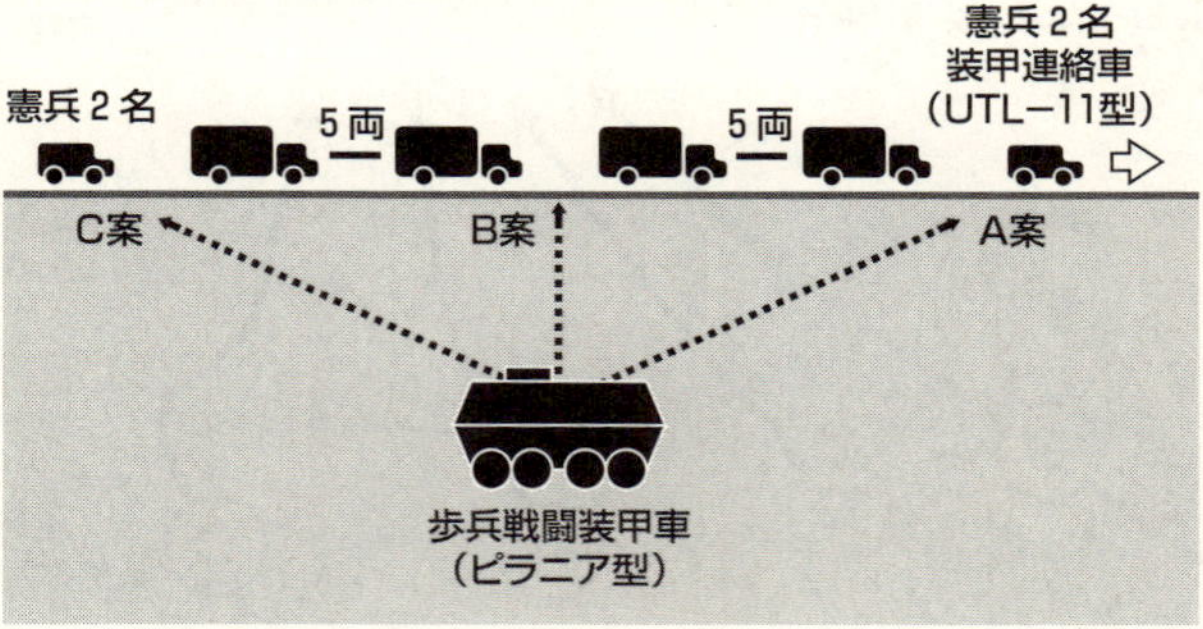

部隊とともに、歩兵装甲車による乗車攻撃もおこなわれた。

十七日、結城軍曹の分隊は、観測点の丘での勇戦が認められ、約四〇km東方に所在する多国籍軍の捕虜収容所まで、捕虜約二〇〇名（トラック一〇両：通常、補給車両の帰路の空車に乗せる）を後送する憲兵を護衛し、そのあとで、一日の休養を追加された。

ただし、この区間は、しばしばゲリラが出没する地域である。結城軍曹は分隊の乗る装甲車の配置について考えている。

A案：一〇台の先頭を走る。
B案：一〇台の中間を走る。
C案：最後尾を走る。

Q３　捕虜輸送に適した装甲車の位置

は？（A〜C案のどれか？）

第4状況

装甲車はトラックにくらべて速度が遅い。したがって、後尾に配置するC案だと、輸送縦隊からおくれる危険がある。

ゲリラの攻撃は通常、先頭を阻止し、後尾を最初に攻撃する。なぜなら、敵全体が密集して動けなくなるからである。後尾に捕虜が輸送される場合においても、後尾を攻撃することはできないので、先頭に対し攻撃する。

後送縦隊のなかに配置するB案だと行進統制が困難であるばかりでなく、縦隊が前後に分離するおそれがある。また、ゲリラ攻撃をうけた場合は対処困難におちいるか、前方の捕虜を人質にする態勢となり、国際法上、問題を生じかねない。

結城軍曹は、A案によって護衛することにした。とちゅう、ゲリラの攻撃をうけたが、これを撃退して、無事に十七日正午までに任務を達成した。

十七日夜、久しぶりに多国籍軍休養所において大酒した馬場上等兵が、分隊に帰ってきてみると、分隊員が、戦闘装備を整えて待っていた。

「小隊長が敵の航空攻撃によって負傷し、後送された。新任の小隊長がくるので、休暇は取り消し！　分隊は第一線に復帰する」と結城軍曹。

結城分隊とその装甲車は、整備を終了した戦車一両とともにトレーラーに乗り、前線に向かった。戦闘団の兵站地域（第一線整備・補給、人事部隊が展開している地域）で、トレーラーから降りた結城分隊の装甲車と戦車は、装甲車が先導して、十六時ごろ、第一線に向かっていた。

突然、道路わきに、武器をもたないX国軍兵士一名がすわっているのを発見した。脱走者のようである。結城軍曹は装甲車を止めて近よった。兵士は二度と戦場にもどりたくないという。結城軍曹には三つの対処方法がある。

A案：憲兵に引き渡す。
B案：第一線に連れもどす。
C案：食糧をあたえ、見ないふりして見のがす。

Q4　脱走者への対応（A～C案のどれか？）

第5状況

▶Q5／最初に射撃する敵は？

（A案／射撃しやすい敵、B案／敵の指揮官車、C案／こちらの横腹をねらうもっとも危険な敵）

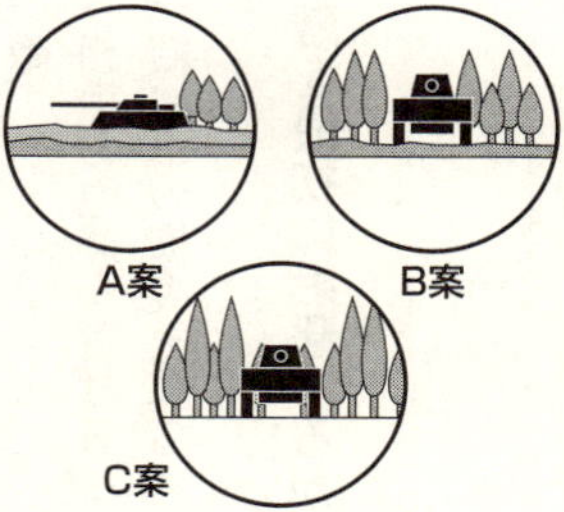

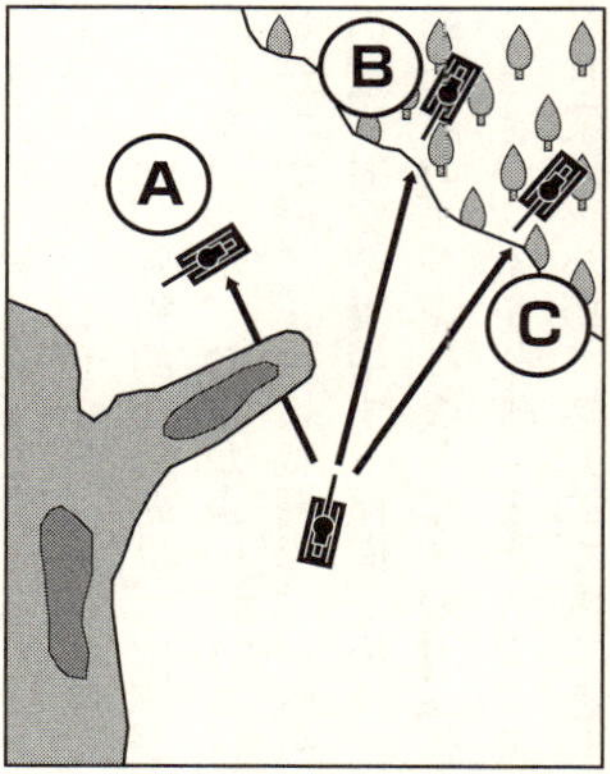

戦場における軍律はきびしい。C案をとることは許されない。落後者線（戦場の後端に憲兵がつくる、落後者、逃亡者を救出する線）につれていき、憲兵に引きわたすA案が軍律である。

しかし、兵士の指揮官の心情を思えば、もう一度説得する必要がある。**結城軍曹は、B案を採用した。**

十九日、戦闘団の最右翼となって攻撃した第一大隊は、敵を包囲していた。

第一中隊は、大隊の左翼を前進している。結城軍曹は、突然、林のなかから、逆襲してくる敵装甲車を発見した。結城軍曹はただちに射撃目標（A案～C案）を選定し、射撃開始を命令した（上図参照）。

A案：もっとも射撃しやすい、左側の

敵。
B案：相手の逆襲をさけることも可能な、指揮官車とおもわれる中央の敵。
C案：結城車の横腹をねらいやすい、もっとも危険な右側の敵。

Q5　どの敵を最初に射撃するか？（A～C案のどれか？）

第6状況

中隊の一部として行動している小部隊の戦闘においては、「生き残り」がもっとも重要である。なぜなら、部隊全体としての勝利とは、敵よりも損害率が少ないことだからだ。戦術的な問題は、中隊長以上の頭脳にゆだねればよい。

したがって、C案がよい。A案は結城車のみならず、ほかの車も発見している公算がたかい。一般に戦闘では、戦果をあげようとする無意識の競争からねらいやすい敵に射撃が集中する傾向があり、ムダな火力集中となる。そのスキをつかれて危険な敵のエジキになりやすい。逆にいえば、敵が味方のある車に射撃を集中しているときが、敵を撃破するチャンスでもある。

B案はきわめて魅力的な案であり、撃破できれば、一挙に態勢が有利になる。し

▶Ｑ６／地雷設置はⒶ〜Ⓒのどこがよいか？

（Ⓐ／道のまがりかど、Ⓑ／道のまっすぐな部分、Ⓒ／まがりかどの路肩）

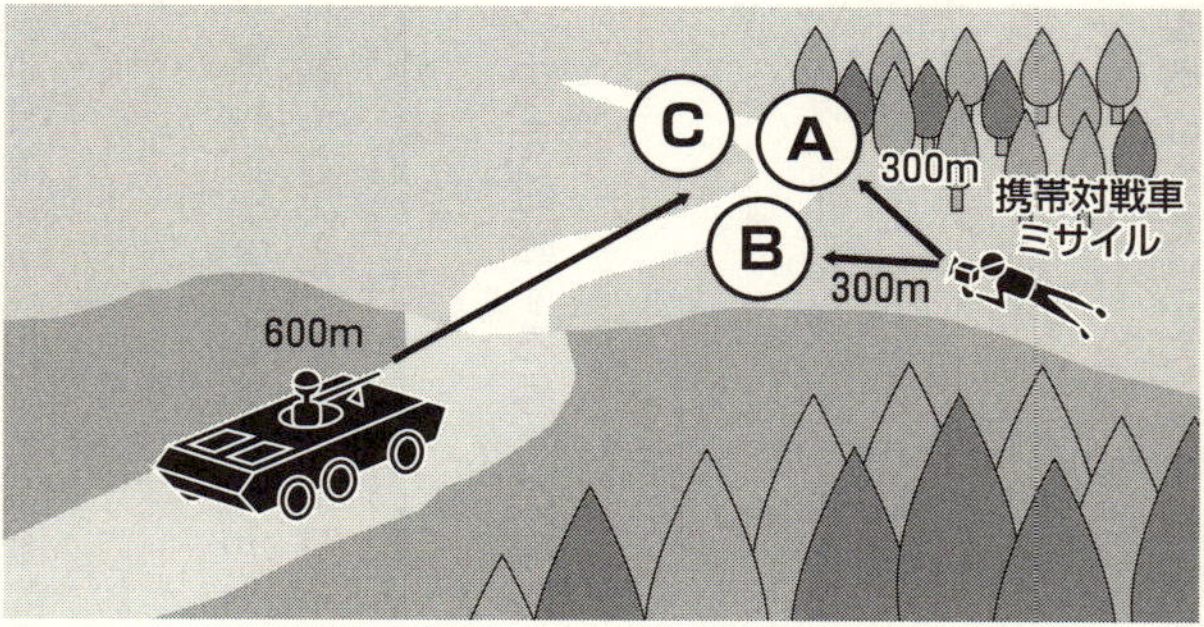

かし、それは危険な敵を撃破してからの目標である。生き残りを目的とする分隊には適していない。

一日がすぎた。結城軍曹は二十一日、夜が明けると夜間の配備から昼間の配備に移行した。敵戦車・装甲車の接近にそなえる配備を検討中であるが、対装甲火器は二五㎜の機関砲一門と、携帯対戦車ミサイル二門（有効射距離三〇〇ｍ）、対戦車地雷が四発しかなかった。四発では、全正面に地雷原を設置できない。結城軍曹はどこに地雷をうめるか検討中である（上図）。

ちなみに地雷原とはいえ一度爆発した地雷は二度と爆発しないし踏む確率はそれほど高くはない。しかし、カンボジアのように、無記録のうえ、軍事目的以外に、住民を対象とした無差別地雷は問題であり、許されるべきではない。国際条約では組織的地雷原はすべて記録し、その記録を保管することになっている。

A案：道のまがりかど（Ⓐ）。
B案：道のまっすぐな部分（Ⓑ）。
C案：道のまがりかどの路肩（Ⓒ）。

Q6　地雷を設置する最良の場所は？（A〜C案のどれか？）

第7状況

戦闘員や戦闘車は敵から射撃をうけたり、前方を偵察するとき、普通、物陰に身をかくす行動をとる。とくに道路のまがりかどにおいては、C案の位置を占めることになる。したがって、道路のまがりかどの路肩に地雷を埋設するのが一般的だ。障害には、火力が連携し、火力集中点（天候・気象のいかんにかかわらず火力を集中させることができる点）を準備する。

結城軍曹はただちにC案の位置に地雷をうめ、上橋の西岸台上に陣地を構築し

▶ 5月23日10時の結城斥候の状況

ジェミニ丘陵に接近すると、斥候班は監視レーダーに敵影をみつけた。

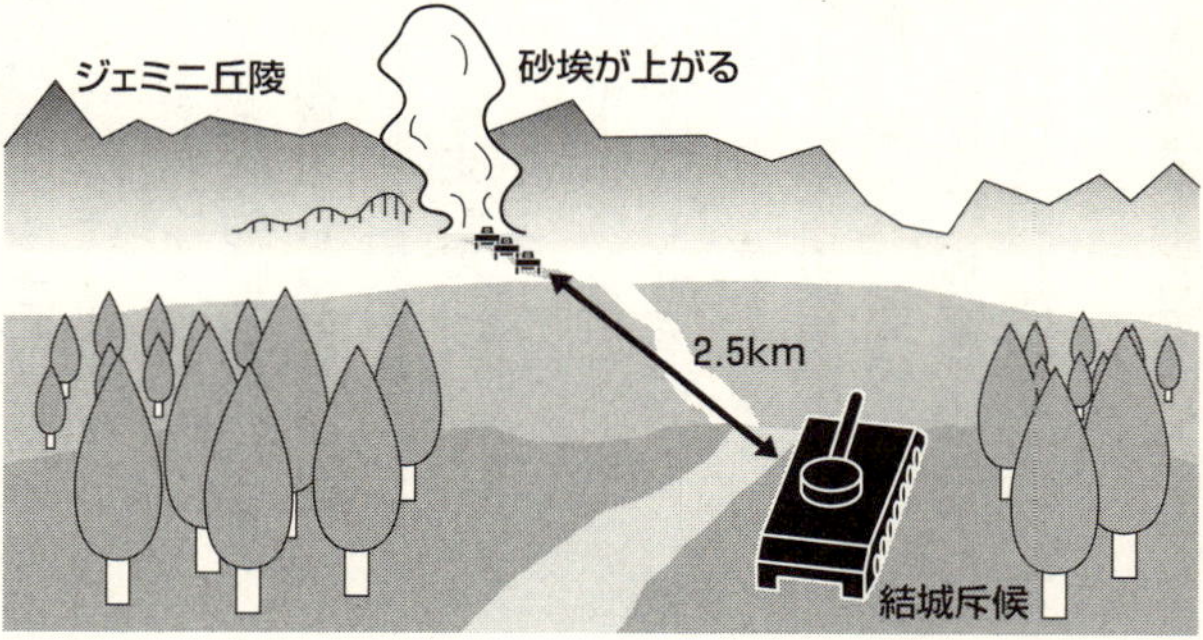

て、防御配置につき、分隊員を二名一組にして警戒させ、残りは休憩とした。偵察中隊の一個斥候（前方で、敵情の情報収集をする小部隊）班も引きつづき残ったが、やがてジェミニ丘陵に向かい前進していった（255ページ下図参照）。

二十二日、結城分隊には戦闘がなかった。分隊は休養を取り、戦力の回復につとめた。明日から戦闘団主力は北シリウス街道を南下して前進するらしい。結城分隊は、この場所に置き去りにされるのが不安であった。しかし、親部隊の歩兵第一中隊が来てくれることがわかって安心した。

二十三日朝、中川正面の作戦を担当することになった第一大隊長・嵐少佐は、まず、敵と接触する必要があった。そのため第二中隊をもって、中川大橋から、第一中隊をもって上橋から、ジェミニ丘陵に向かい前進した。

ジェミニ丘陵は、はば約四〇km、沈降した山地で、内部は錯雑地形（尾根と谷が多方向に複雑に入りくんでいる地形）であった。徒歩部隊が横断するのは可能であったが、左右の移動は随所に連続的な崖があって困難である。

中西部海岸から中西部盆地に主要な二車線道路（Q道四号線）が一本あり、この道路に並行して左右それぞれ約八km離れて、一車線道路（北側はルート一六、南側はルート八）が走っていた。ルート八は、中川大橋においてQ道四号線に合流している（255ページ参照）。

上橋に第一小隊がきて、結城分隊は小隊に復帰した。小隊は中隊の先導を命ぜられた。小隊長が先頭を行こうとしたので、すでに上橋に進出していた結城軍曹は「私が斥候として先行します」ともうしでた。

結城軍曹は、偵察中隊の斥候班も指揮し、中隊の先頭に立って、前進を開始した。十時、ルート一六に沿い、ジェミニ丘陵に接近すると、斥候班は監視レーダーに敵影を発見し、無線で「敵小型車両三両、歩兵装甲車一両接近中」と報告してきた。敵の偵察隊らしい。つぎの三つが考えられる行動だ（213ページ参照）。

A案：かくれて敵偵察隊をやりすごす。

B案：待ちぶせして撃破する。
C案：他の道に回避する。

Q7　敵の偵察隊とどう接するのか？（A～C案のどれか？）

第8状況

偵察は通常、隠密であることが原則だ。偵察の相手は、敵の偵察隊や警戒部隊ではなく、敵の本隊である。待ちぶせして撃破（B案）しても、X軍が接近中であることは、Z軍本隊に報告されるであろう。C案は時間がかかりすぎるのが欠点になる。

結城軍曹はA案を採用し、敵接近の報告をおこない、敵偵察隊の処理は、後続の小隊長にまかせることにした。敵の偵察隊と接触したことは、敵本隊が近いことを意味していた。

結城軍曹は、ルート一六沿いに慎重に前進し、ジェミニ丘陵に接近した。やがて十四時三十分、前方約六〇〇mに敵影を発見した。勢力、態勢などはまったく不明である。もうすこし敵情をくわしく解明する必要があった。三つの行動が考えられる。

A案：装甲車から下車して徒歩偵察に移行する。
B案：斥候班に監視させ、他方向から攻撃し反応をみる。
C案：斥候班に監視させ、他方向から射撃をくわえて反応をみる。

Q8　結城軍曹の偵察要領と、その理由（A～C案のどれを選ぶか？）

第9状況
A案はもっとも一般的方法である。しかし、この状況では時間の余裕がない。攻撃により敵の反応をみるためには（B案）、小隊主力が到着し、万一、結城分隊が敵と接近戦におちいったり、不利な態勢になった場合に救出できる準備が必要である。つまり、小隊主力の到着を待たなければならない。結局、結城軍曹は「射たれれば、射ち返す」が戦場の常であることを利用して、**射撃による偵察（C案）を実施した。**
敵は猛然と射ちかえしてきた。結城軍曹は射撃位置を移動させながら、さらに数ヵ所に射弾を射ちこんだ。反応は強烈だった。敵は一個中隊以上と判断できる。これ以上の縦隊による前進は、中隊全体にとっても危険である。ただちに状況を報告した。その後、小隊主力が到着して、横陣に展開した。

十五時、中隊主力は後方に停止して、第一中隊長が前方に進出してきた。中隊長は大隊本部に連絡し、第二中隊の状況を聞いた。どうも第二中隊は、強力な敵と接触したらしい。中隊長は偵察中隊の斥候班長をよび、本隊への復帰をつげた。斥候車は砂塵をあげて去っていった。

おなじく十五時ごろ、中川大橋からQ道四号線にそって前進していた第一歩兵大隊第二中隊も、ジェミニ丘陵に接近し、強力な敵の警戒部隊と接触していた。ルート八に向かった偵察斥候班と歩兵小隊も同じであった。

夕刻、ジェミニ丘陵正面の第一歩兵大隊から「Q道四号線とルート八方向から、それぞれ各歩兵一個大隊級の敵が前進を開始した。先遣した第二中隊は、中川大橋に向かって後退中」との通報が入った。引きつづいて、第二中隊からも同じ通報をうけた。

第一中隊長は上橋方向に退却する味方の部隊もあると見積もり、収容態勢に移行することをきめた。第一小隊は、当面の敵（ルート一六沿いの敵）に対する接触を維持せよと命令した。しばらくして、中川大橋に向かい退却困難となった第二中隊第

▶ 5月23日夕方の第１歩兵大隊第１中隊正面の状況

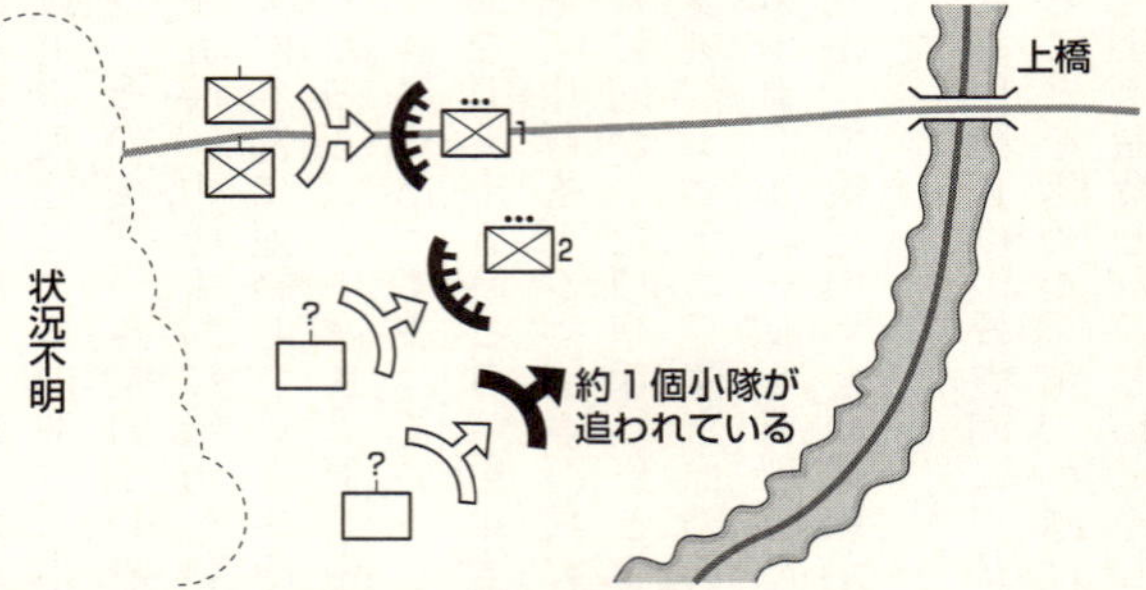

退却困難になった第２中隊第１小隊が、敵に追われ、上橋に向かい撤退中との連絡がはいった。

一小隊が、上橋に向かい撤退中であるとの連絡があった。

薄暮が終わりに近づくころ、ルート一六沿いに約一個中隊の敵が圧迫してきた。激戦をまじえつつ後退していた第一小隊は、暗闇になるにしたがい、戦闘隊形の維持が困難になってしまった。

結城軍曹と小隊長は無線によって連絡可能であるが、対敵行動中のため、たがいの現在地がわかりにくく、合流できない。上橋まではまだ約三㎞あるはずだ。

中隊主力は上橋付近にかろうじて防御態勢をとり、第二中隊第一小隊を収容し、そのまま指揮下に入れた模様であった。結城軍曹は、四つの行動案を考えた。

A案：現在地に潜伏し、明朝上橋に向

かう。

B案：引きつづき、小隊との合流に努力する。

C案：直接上橋に向かい撤退する。

D案：上橋から離れた中川上流に向かい退却し、敵との接触をたつ。明朝以降の行動は別に考える。

Q9　今夜、どう生き残るのか？（A～D案のどれか？）

第10状況

A案は、敵中に孤立する危険がある。B案は小隊の撤退を遅らせ、戦闘に巻きこんでしまう可能性がある。C案は敵を引き連れて上橋に帰還することになり、中隊の防御態勢を危機におとしいれかねない。D案は当面、上級部隊を危険にさらさず、こちらももっとも安全であるが、上級部隊に心配をかけ、また、組織的戦闘力にくわわれない。

どの案も一長一短があった。結城軍曹はとりあえずもっとも安全な案、D案を採用した。しかし、敵との接触を維持しつづけることにより、敵の注意を上橋方向か

▶Q10／本隊からはぐれた結城分隊はどうするのか？

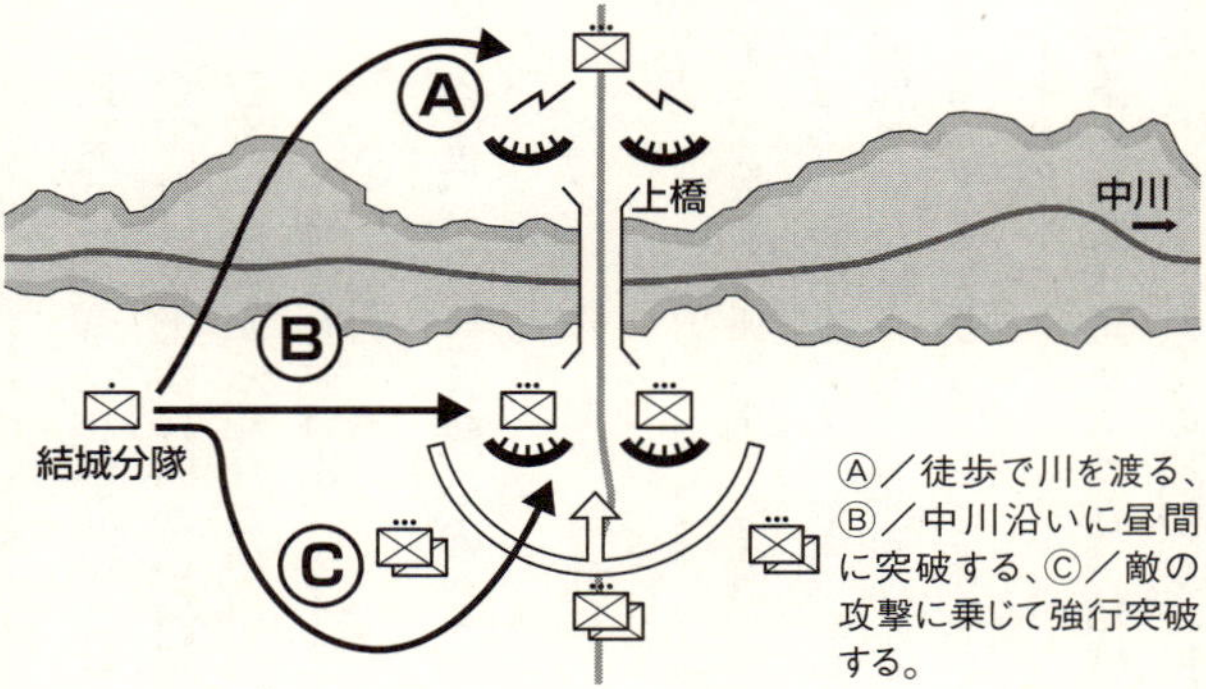

Ⓐ／徒歩で川を渡る、Ⓑ／中川沿いに昼間に突破する、Ⓒ／敵の攻撃に乗じて強行突破する。

らそらすことに努力した。もちろん、小隊長とは無線連絡をとりつづけた。

中川の上橋にあって、一時本隊からはぐれてしまった結城分隊は、負傷していた分隊員を後送するために、上橋上流三㎞の地点に進出し、夜間、筏《いかだ》を組んで負傷者を乗せ、分隊員を護衛につけて、ひと足早く主力の位置に撤退させた。二十四日の夜明けごろ、分隊員が本隊によって無事に収容されたとの無線連絡をうけた。

結城分隊は、装甲車一両と三名が残った。ここからの問題は、どうやって本隊に帰るかである。燃料も残りすくない。結城軍曹は操縦手と装甲車を残し、偵察に出かけた。しかし、上橋を防御している第一中隊に接触している敵の兵力・配備がまるでわからない。どうすべきか？

Ａ案：装甲車を隠して（通信機を破壊しておく）、徒歩で川を渡る（Ⓐ）。
Ｂ案：本隊から射撃支援をうけ、中川沿いに昼間に突破する（Ⓑ）。
Ｃ案：敵が上橋陣地に対し攻撃、または射撃を開始したときに乗じて中央突破する（それまで待つ、Ⓒ）。

Q10　命をともにした装甲車を捨てるのか？（Ａ～Ｃ案のどれを選ぶか？）

第11状況

わずか十日間であるが、命を懸けてともに戦ってきた装甲車を、たとえいっときでも見すてることはできない。戦場において愛車は部下と同じだ。しかし、結城軍曹は部下の生命を思うとき、Ａ案が最良に思われた。

だが、結城軍曹以上に、装甲車を愛している操縦手を忘れていた。彼は操縦するだけでなく、車両の整備責任もある。わずかな車両の変調にも気くばりして、ここまできた。彼は、装甲車とともに残ると主張してゆずらない。

Ｂ案は本隊から打診してきた。この案の成否は、対岸から結城装甲車の行動を連続的に監視できることと、河岸沿いに、とくに大きな障害がなく、動けることにある。

しかし、中川は断崖の岸をもつ川であるから、これにそそぐ小流も、また深く、大地をえぐっている場合もあると考えなければならない。結城軍曹は機動経路に自信がなかった。

C案は敵の配置がわかりやすいのが利点だ。敵も前方に注意をとられ、側背に対する警戒はおろそかになる。結城軍曹は、X軍の旗をかかげて突っ走る奇策を考えた。友軍との相うちを回避するためである。**C案を採用した結城軍曹は、**つとめて敵の背後にあたる場所に移動してチャンスをうかがっていた。

二十四日上橋では、第一小隊が十五時三十分以降、引きつづき上橋の防御を担当し、中隊主力は引きぬかれて、マーズ地区における防御陣地構築に従事することになった。小隊長は、中隊主力が撤収する前に結城軍曹を救出したかった。

小隊長は、「小隊の射撃により、敵の反応を誘い、その機に結城軍曹を救出したい」と中隊長に申し出た。一方、中隊長はつとめて早期に転進（別の戦闘場所に移動すること）する必要があった。昼間の転進は敵にラクに察知され、転進に乗ずる攻撃をうけて危険である。

とりあえず中隊長は各小隊から二名を抽出し、副中隊長に指揮させて、防御準備に先行させた。さて、中隊長は、結城軍曹のことをどうするのか？

A案：全力をもっての陽攻（攻めるふりをするニセの攻撃）により、結城軍曹に脱出の機会をあたえる。

B案：全力をもって敵に射撃し、結城軍曹に脱出の機会をあたえる。

C案：第一小隊長に自由裁量権をあたえて、主力はすみやかに一個小隊ずつ敵に気づかれないように転進する。

Q11　部下の窮地に指揮官はどう動くか？（A〜C案のどれか？）

第12状況

およそ戦場において、いかに任務のためとはいえ、部下の危急を見すごした指揮官は二度と戦闘できない。つぎの戦闘から部下は積極的に行動しなくなる。見すてられる恐怖がつねにつきまとうからだ。同様に、部下の遺体も、大切にしなくてはならない。

若くて元気がいい小隊長はしばしばむこうみずの先陣を切って、ベテランの下士官を困らせる。だから「少尉、中尉は消耗品。戦死が多い」といわれる。したがってC案はとれない。しかし、陽攻（A案）を実施した場合、その終末段階に、逆に敵につけこまれやすい欠点がある。

中隊長はB案を採用し、「中隊全力をあげてやろう」と決意した。このことは結城軍曹に一方的な放送によってつたえられた。

中隊の全力射撃にZ軍は反応し、そのスキをついて結城装甲車が突進・疾駆して、敵陣を突破し、無事収容された。暗闇が近づくにともない中隊主力は静かに転進した。

二十五日の午前中、上橋正面は比較的静かであった。十五時、中川大橋正面を守る第一大隊の後方に、約三〇〇のZ空挺部隊が降下したようであったが、戦車中隊によって撃破されたらしい。しかし、これ以上の中川大橋の保持は困難なようだ。夕刻以降、中川大橋正面の部隊がまず後退し、ついで第三歩兵大隊が全面撤退したとの連絡があった。

二十六日朝までに敵は、マーズ山の防御陣地前方に進出してきたが、二十六日中は、敵も攻撃準備にいそがしいと判断された。二十七日の朝、猛烈な砲撃が、マーズ山に対して開始された。結城軍曹は、今日は激戦になると覚悟し、緊張した。しかし、昼ごろになっても、敵は攻撃してこなかった。上橋の第一小隊全員は、緊張のなかにもほっとしていた。

十五日の戦闘開始以来、生き残っているのはぬけめない板橋伍長、馬場上等兵、犬山一等兵、牛久上等兵の四名である。そのほか四名は、補充の新兵だ。

分隊に派遣されている三宿衛生兵は、不思議と強運な男である。鯨井伍長は、二十一日に逃亡して、行方不明兵になっていた。古参の馬場上等兵が、第一班の指揮をとっていた。

上橋の対岸には第一、第三分隊が陣地を占領し、工兵分隊が爆破準備をして、こちら側の岸を守っていた。

二十八日午前四時、敵が猛攻を開始した。結城分隊は、橋の下流側の陣地に展開し、支援射撃をおこなった。上流側は工兵分隊ががんばっている。上橋はわずか五〇mの橋である。

四時半、橋の爆破命令が小隊にとどいた。対岸において陣頭指揮していた小隊長は、まず第三分隊を橋をわたって後退させた。そのとき、第一分隊の装甲車が燃え上がった。小隊長が第一分隊を後退させようとしたが、敵火が橋上に集中しはじめ、たったの五〇mが撤退できなくなったのだ。

小隊長は「オレたちにかまわず、橋を爆破せよ！」と命令してきた。最後まで、戦闘するつもりだ。結城軍曹の選択肢は三つある。

▶ 5月28日上橋付近の状況

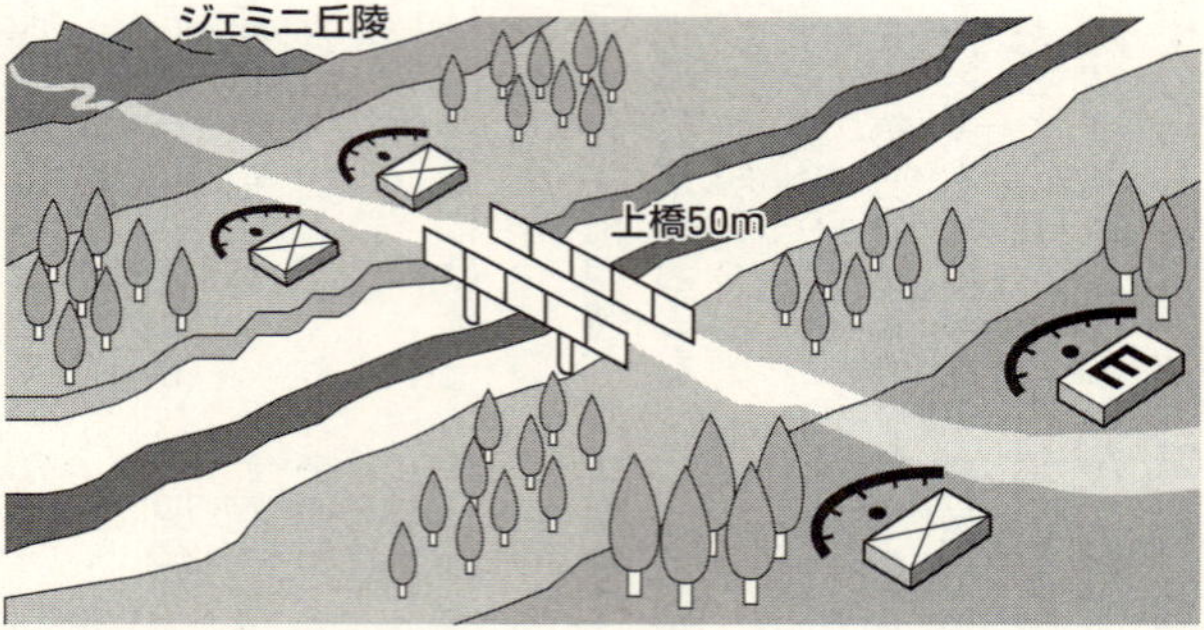

「上橋を爆破せよ！」という命令がとどいている。

A案：装甲車を空にして操縦手とともに突進し、救出する。
B案：命令どおり橋を爆破し、射撃戦闘を継続する。
C案：橋を爆破するが、分隊は徒歩で小隊長、第一分隊の救出にむかう。

Q12　最後まで戦うつもりの仲間をどうするのか？
（A〜C案のどれを選ぶか？）

第13状況

戦場においてB案はない。机上の空論である。平然とB案を実行するようでは、血も涙もない戦闘の鬼にちがいない。Ａ案とＣ案は五十歩百歩である。Ａ案は、ばくち案であり、失敗すれば、元も子もない。Ｃ案は、すくなくともばくちではない。ねばれば救出できるかもしれない。

「小隊長！　河床に降りてください。救出します」。驚いたことに新兵のなかに大学の山岳部出身の猿渡二等兵がいた。「オレにまかせてください。連れて帰ってきます」という。「頼む！　射撃支援をする。馬場、犬山を連れて、一緒に行け！」。

結城軍曹はＣ案を選んだ。工兵は上橋を轟音とともに吹き飛ばした。一時間後、彼らは小隊長以下を救助して帰ってきた。

二十八日、上橋では、午前六時半、装甲連絡車（ＵＴＬＡＶ―11型一両）、第一小隊（ピラニア型装甲車二両）、工兵分隊（同型クレーン装甲車一両）、迫撃砲分隊（同型自走迫撃砲一門）、補給用トラック一両が勢ぞろいした。

小隊長は、各分隊長を集めた。地図を広げた小隊長は、破壊した橋の修復を妨害するための部隊配置を説明しようとした。結城軍曹は小隊長をさえぎって、

「これはカンですが、どうも敵の様子がおかしいのです。ここ二日間、眼の前の敵の動きがありません。どうやら敵は徒歩で川を上流と下流で渡り、我々を包囲しつつあるのではないでしょうか？　斥候にでてみたいと思いますが」

「よし！　装甲連絡車を使え。小隊は円陣を組んで待つ」

▶ 5月28日の第1小隊の状況

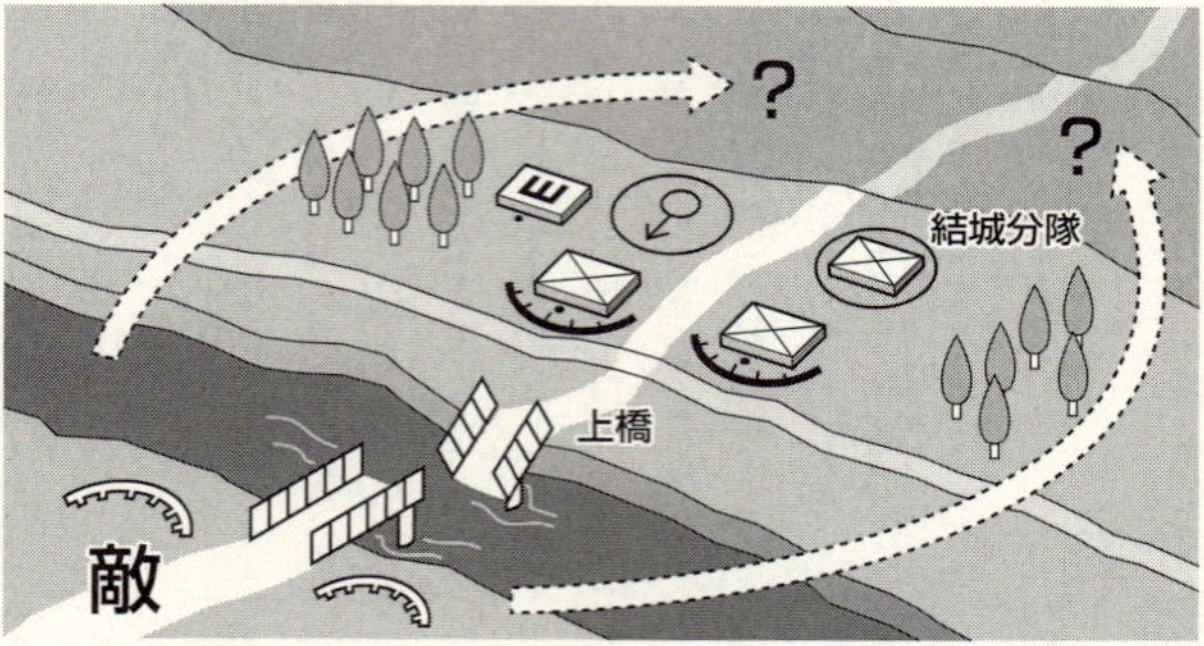

敵がこちらを包囲しようとしているらしい。ただ、完全には包囲されていない。

結城軍曹は退路に沿って、約一km偵察した。予想どおり、左手前方十時の方向約六〇〇mから、機関銃の射撃をうけた。しかし、まだ目前の道路に敵影がなく、偵察のための射撃を道路両側に射ちこんでも反応がない。どうやら完全に包囲されてはいないようだ。敵襲報告を送った結城軍曹は、つぎの三案を考えた。

A案：応戦しつつ、小隊主力のため、ほかにも敵の間隙がないかを探す。
B案：小隊陣地にひきかえし、小隊一丸となって後退を計画する。
C案：突進して敵の包囲環をぬけ、小隊主力の脱出を外側から援護する。

Q13　包囲からの脱出（A～C案のどれを選ぶか？）

第14状況

包囲から脱出するには、一団となって突進するのがよい。Z部隊は完全に包囲せず、逃げ道を開けて〝待ち伏せ〟している可能性がたかい（64ページ参照）ので、バラバラと逃げ出せば、敵の思うツボである。つまりC案は最悪の選択である。

敵が結城軍曹の装甲連絡車を射撃したのは、多分、早すぎる射撃だったろう。まちぶせの射撃開始のタイミングはむずかしいのだ。結城軍曹はせっかく敵を発見したのだから、接触をたつB案も、愚の骨頂である。だからといって発見した突破口は〝仕かけられたワナ〟のおそれがある。ぜひ、もうひとつの敵のウラをかく道を見つけたい。**そのため、A案を決断した。**

結城軍曹の側に小隊長が進出してきた。結城軍曹は手短に敵情を説明した。第一小隊は敵のウラをかいて、射撃してきた敵の方角に攻撃し、包囲環を突破して、本隊に復帰した。

二十八～三十日の三日間、マーズ山陣地に対するZ軍の猛攻がつづいたが、X戦闘団の健闘によって攻撃が頓挫した。X空軍はパイロットの疲労の極限まで出撃をくりかえし、X戦闘団を支援した。

五月三十一日午前八時ごろ、LQ国の猛虎師団の先頭が、ムーン地区からライブラ地区に進出しつつあった。X戦闘団は偵察中隊、戦車大隊、歩兵二個中隊、対空／対戦車隊、攻撃ヘリ、ヘリボーン、全火力支援、X空軍の対地攻撃を動員、中川大橋にむかって、遮二無二出撃させていた（猛虎師団の作戦については、285ページ参照）。

昼ごろ、X戦闘団は、中川大橋を無傷で占領することができた。これによってジェミニ丘陵地域における作戦を早期に展開できることになった。

一方、LQ国猛虎師団が、X戦闘団の陣地を越して前進し北シリウス街道をカペラ地区にむかった。

夕刻、国連多国籍軍司令部からX戦闘団に対し、「X戦闘団はジェミニ丘陵西端の線に進出し、そのあと、中西部海岸地区の北部の要港、バルゴ港を占領せよ。LQ国猛虎師団との作戦境界は、ジェミニ丘陵東縁の線とする。作戦開始六月四日」との新しい任務が発令された。

ジェミニ丘陵の手前までは、LQ国猛虎師団の一個連隊が追撃して、Q道四号線、ルート八、ルート一六のジェミニ丘陵隘路入り口を占領していた。

とにかく、四日間の戦力回復期間は、戦闘団にとって幸せであった。戦場に放置された装備が回収され、故障したり、打撃をうけた装備は整備された。優秀な整備部隊の努力のおかげで、回復率がたかかった。新たな兵士の補充もうけた。重要な装備も一〇〇％ではないが補充された。全体としての戦力は九六％程度に回復した。

結城分隊では、牛久上等兵が負傷して後送されたが、猿渡二等兵が成長していた。新たに品川一等兵が着任した。雨期が近づいていた。雲が低く航空機にとっては視界が悪くなった。六月三日、戦闘団は中川大橋をわたり、ジェミニ丘陵の東側に接近した。

第一大隊は「ルート一六攻撃縦隊」と名づけられ、南の「Q道攻撃縦隊」「ルート八攻撃縦隊」と競争して、ジェミニ丘陵を突破することになった。戦車は各歩兵大隊に各一個中隊が配属され、そのほかの部隊も、それぞれほぼ均等に戦力が配分された（295ページ参照）。

四日午前五時、各縦隊は一斉に前進を開始した。

六日、予備隊となっていた第一中隊の結城軍曹は約一㎞前方の射撃音を聞きながら、ルート一六を前進中であったが、約五〇〇m左前方に自軍のヘリが接近しつつあるのを発見した。

だが、ヘリが突然旋回しながら谷底に降りていった。テイル・ロータに被弾したらしい。小隊長から無線によって「左前方、十時の方向、戦闘団情報参謀機が不時着した。結城分隊はただちに救出せよ」との命令が飛びこんできた。不時着の場所は、敵とこちらの中間地点らしい。

装甲車を走らせたが、途中で前進困難な地形となった。下車して、不時着予想地点に前進すると、約三〇〇m前方の凹地に、ヘリを発見した。双眼鏡で捜索したが乗員の状況は不明だ。結城軍曹には、三つの選択肢がある。

A案：ヘリの位置に向かい急進する（Ⓐ）。
B案：敵の接近経路に向かい急進する（Ⓑ）。
C案：ヘリをもっとも観察できる位置に急進する（Ⓒ）。

Q14　不時着ヘリにどうやって接近するか？（A～C案のどれか？）

第15状況

ヘリを撃墜した敵が、当然ヘリの乗員を捕虜にするため、捜索活動を開始してい

▶Q14／不時着ヘリにどうやって接近するのか？

Ⓐ／ヘリに急進する、Ⓑ／敵の接近経路に向かう、Ⓒ／ヘリを観察できる位置に向かう

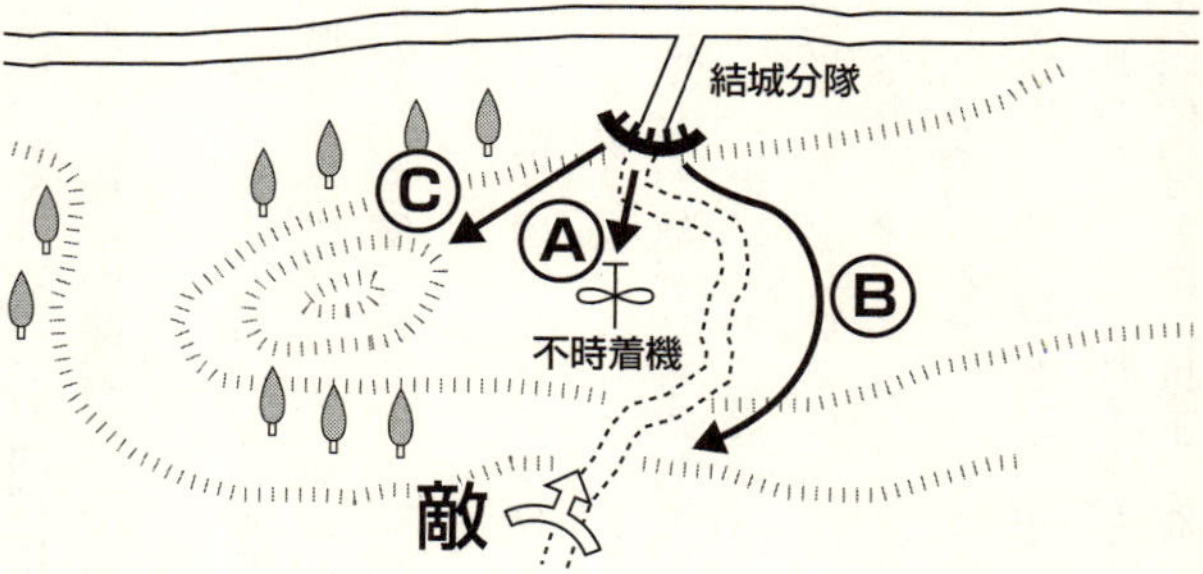

る可能性を考慮しなければならない。もうひとつの問題は、ヘリに乗っている参謀、乗員の生死、所在地の確認である。後者の問題だけであれば、A案である。前者の問題だけでは、C案である。

もし、敵が先に参謀たちをとらえているならば、来た道を引きかえしているだろう。したがって、一部をヘリの不時着現場に派遣し、乗員の安否をたしかめるとともに、敵の接近経路に向かい前進した。**B案である。**さいわい、敵の捜索隊と遭遇し、激闘ののち、参謀らを無事に救出した。

Q国は雨期になった。X戦闘団の各縦隊は、ジェミニ丘陵を通過するのに、三日を要した。まず、六月七日朝、第一歩兵大隊はルート一六に沿いジェミニ丘陵から飛び出した。ジェミニ丘陵西側にはZ軍が随所に布陣しているらしい。ルート一六はジェミニ丘陵から西南西にのび、ベガ町付近でQ道四号線と合体し、そこからQ道四号線は北北東に向かいバルゴ港につうじている（295ページ参照）。

嵐少佐がひきいる第一大隊は、全力をもって、ベガ町に向かって突進した。十時、第一歩兵大隊はベガ町に到着し、豪雨のなか、バルゴ港に向かい前進方向を転換しつつあった。戦闘隊形は戦車大隊（二個中隊基幹、戦車一九両）を先頭に、その後方に砲兵中隊（自走中砲六門）、両側に歩兵中隊を配置した、弾丸型をとっていた。豪雨のため視界が落ち、各車両間隔は五〇m以下となっていた。

このとき、最左翼を前進していた歩兵第一中隊の結城軍曹は、左側方約一㎞に歩兵とともに、無数のZ軍戦車が、接近してくるのを発見した。わずか三〇〇m右前方を前進するX軍戦車大隊の最後尾は、これに気がついていないらしい。すこしでも早く、味方の反応をうながしたい。方法は四つある。

A案：信号弾を発射する。
B案：敵に向かって機関銃を射撃する。
C案：味方部隊の頭上に曳光《えいこう》弾をうちあげる。
D案：無線報告のあと、対応命令がくるまで前進を継続してガマンする。

Q15　敵の存在を味方に知らせる（A～D案のどれか？）

第16状況

A、B、C案のいずれも敵に発見され、集中砲火を浴びる可能性がある。だが、なにもしないD案よりましである。晴天であれば、A案がいいかもしれない。しかし、豪雨のなかでは、味方が気づいてくれるか、どうかは疑わしい。B案は敵の歩兵の前進を遅らせる有力な方法であるが、味方が気づくか、どうかは問題である。あとでもいい。

戦場にいる者には、射撃をうけることにもっとも敏感である。できれば、味方車両に直接機関銃弾を浴びせて気づかせたい。しかし、味方同士の相うちになる可能性がある。ギリギリのところ、味方車両の頭上に曳光弾をうちあげるのが限界である。**C案を採用した。**

結城軍曹の適切な警告によって、第一歩兵大隊は前進を停止し、Z軍の逆襲に対処した。この適切な処置によって、X戦闘団は危機を脱出した。このころ、第二・第三歩兵大隊もジェミニ丘陵を突破し、第一歩兵大隊の左翼に並行して、バルゴ港に向かい、進撃の態勢をとりつつあった。

南部戦線では、多国籍軍がZ軍の攻勢に大打撃をあたえて阻止した。中西部海岸正面の中央部、南部でもLQ国軍がZ軍を圧迫していた。X戦闘団はZ軍を海のなかに追い落とす態勢をえつつあった。このとき、中隊から「戦闘中止！」の無線命令が飛びこんできた。信じられなかったが、戦争は終わったのだ。

和平交渉の間、X軍派遣兵士の交代が大規模に計画された。多くの兵士は帰国を喜んだ。数々の成果をあげた結城軍曹にも、帰国の打診がきたのだった。

第6章

『Simulation 3　Q島における三鷹戦闘団の戦い』

～大組織を動かす指揮官の決断

▼この章では、約四〇〇〇名を動かす、指揮官が主役となる。ここまで大きい組織だと、命令をあたえる対象者も、数百人の部下を動かす指揮官になる。大組織において、全体をどう動かすのかが、最大のポイントである。さらに仮想する、戦闘の状況、日時、場所などは、すべて第5章と同じである。小部隊が、第5章のように動いているとき、大部隊は本章のように動いているのだ。

三鷹戦闘団の概要

X―一年、指揮所演習において、優秀な成績をおさめた三鷹大佐を指揮官とする一個戦闘団が、Q島派遣部隊として編成されていた。三鷹戦闘団の編成はつぎのとおり。

▼偵察中隊

兵力　一四〇名（三個偵察小隊）
装甲斥候車　一〇両
歩兵装甲車　四両
戦車　六両
自走重迫撃砲　三門
自走対空／対戦車ミサイル　三門

各偵察小隊　兵力三七名
装甲斥候車　三両
歩兵装甲車　一両
戦車　二両
自走重迫撃砲　一門

対空／対戦車　一門

▼一個装甲車化歩兵連隊（三個大隊）　兵力約一二〇〇名

各歩兵大隊

兵力　三三〇名

装甲車　三二両

内訳　三個歩兵中隊

各中隊は三個小隊　兵力一〇〇名

装甲車　一〇両

一個小隊　兵力三〇名

装甲車　三両

▼迫撃砲中隊

自走重迫撃砲　一二門（三個小隊　各四門）

▼戦　車

一個大隊／戦車大隊　四二両

内訳　四個戦車中隊

各戦車中隊は三個小隊　戦車　一〇両

▼火　力

一個小隊　戦車　三両
一個自走中砲大隊　一八門（三個中隊　各六門）
一個自走多連装ロケット中隊　六門
一個対空／対戦車ミサイル中隊　六門
一個混成ヘリ部隊　指揮連絡・観測ヘリ　二機
対戦車ヘリ　三機
多用途ヘリ　四機

▼以上戦闘部隊・合計約二〇〇〇名
▼工兵、通信などの戦闘支援部隊、輸送、衛生、補給、整備、行政などの後方支援部隊・合計約二〇〇〇名

▼Z軍師団の編制

陸軍総兵力約二〇〇万を持つZ軍は、別に新たな歩兵師団二個を、常時増援として、Q島に派遣できる態勢にあり、人海戦術を得意としている。Z軍師団の編制は、基本的には第1章で例としてあげた編制（38～42ページ参照）であるが、つぎの

点が異なる。

- 前衛部隊に戦車、対空／対戦車ミサイルがない。
- 歩兵部隊は、約三分の一が装甲車化されているが、残りは自動車化歩兵（装甲車のかわりにトラックを使用した歩兵部隊）である。
- 迫撃砲は、すべて牽引式である。
- 大砲は、約四分の一が自走式で、のこりはすべて牽引式である。
- 対空／対戦車ミサイルはない。対空火器の大部分は対空機関砲であり、対戦車はミサイルが主体である。

▼Z軍着上陸能力

- 総揚陸艦数は四〇〇隻をくだらないと伝えられているが、実指向可能数（作戦に参加できる数）は不明である。戦車の同時揚陸能力は、二〇両前後と判断されている。
- 艦砲射撃支援能力は、一〇cm砲同時三〇門程度と判断されている。
- 第一五空挺師団は、同時一個大隊（軽装備）を下降させる能力がある。ヘリは同時一個歩兵中隊を降着させることが可能である。

▼航空状況

●三鷹戦闘団は、原則として約三〇〇㎞東北方のX国基地（約四五機）から支援をうることができる。状況が急迫した場合は、P軍艦載機の支援を要請することができる。

●Z空軍は約八〇〇機（X・P空軍機にくらべて旧式）を、Q国作戦に準備していると予想される。

第1状況

三鷹戦闘団は三月一日、X国を出港し、LQ国の北東港に揚陸して、三月十五日、割りあてられた作戦区域（ムーン地区）に進出した。作戦区域には、農家が散在するほか、大きな市街地は北西港（人口約一〇万）のみで、平地は大部分が畑地か、果樹園、森林である（次ページ上図参照）。

国際多国籍軍とLQ国軍は、直接休戦線において、Z国軍およびSQ国軍と対峙することになったため、三鷹戦闘団は、後方の北西区域において独立的に作戦することになった。

おもな任務は「対着上陸防御と地域の防御」である。地域住民との関係はすべてLQ国警備隊が担当し、三鷹戦闘団の作戦の障害とはならないとされた。

▶ムーン地区作戦地域の状況

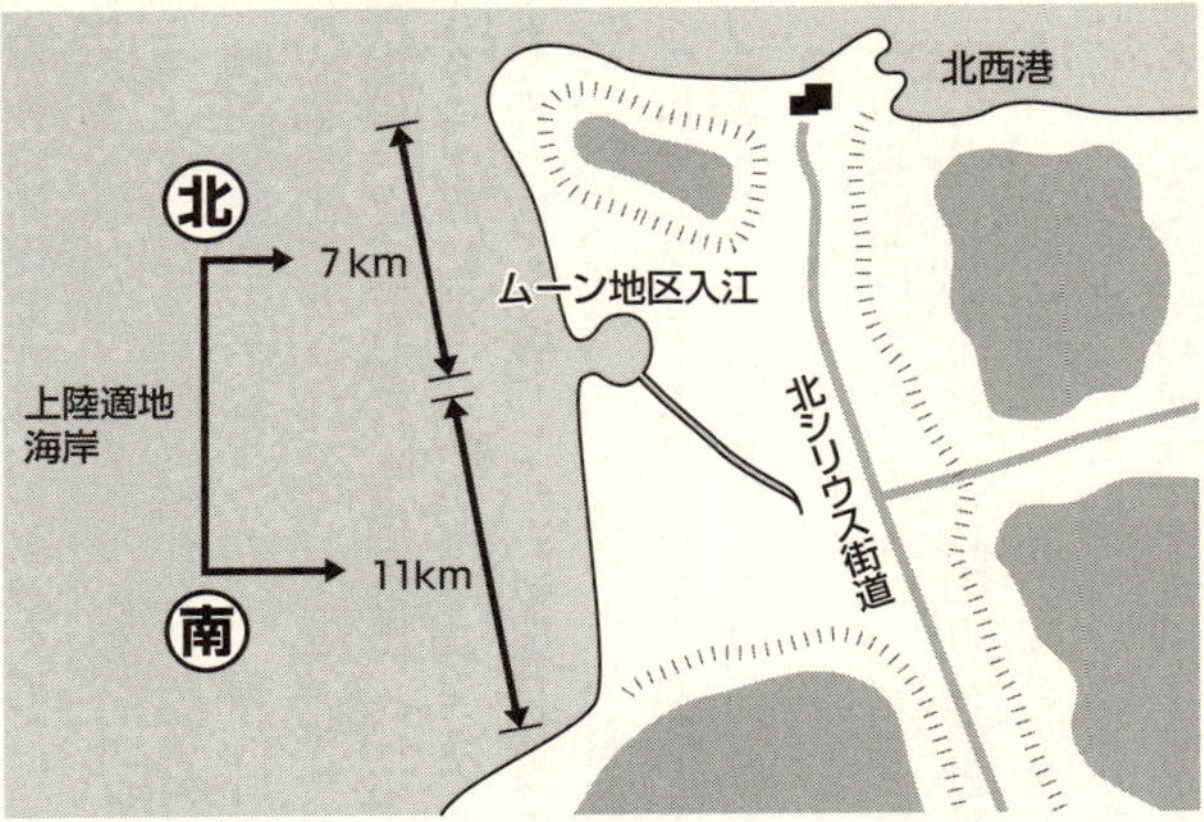

市街地は北西港のみ。平地は、畑、果樹園、森林が広がっている。

A案:水際配備
海岸近くで防御する。

B案:後退配備
海岸からはなれて防御する。

ムーン地区の地形断面

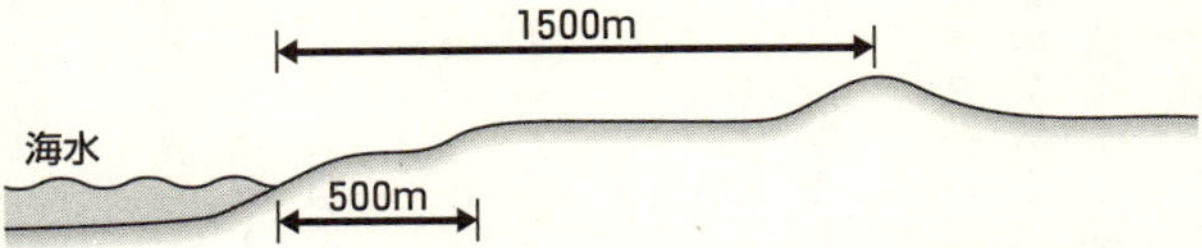

上陸適地はムーン地区入江をはさむ南北の海岸だ。

三鷹戦闘団作戦地域から山脈を越えた南側には、ＬＱ国軍が、中西部沿岸の対着上陸防御を担当し、首都「シリウス市」への接近経路を制している。

三鷹大佐は副戦闘団長橋中佐に、戦闘団の作戦準備をまかせて、作戦参謀竹中少佐、情報参謀梅谷少佐をつれて、海岸地域の視察に出発した。その結果、対着上陸防御配備（上陸してくる敵を、上陸地域において阻止する防御配備）について、**「A案：水際配備」**と、**「B案：後退配備」**の二案を考えた。

A案の水際配備は、敵が水際に達着する前後に、火力で阻止するものだ。B案の後退配備とは、上陸してくる敵機動部隊の約半分（通常歩兵部隊）を、重戦力機動部隊（戦車・砲兵部隊）が上陸以前に、撃破する配備である。

このほかの案としては、小拠点分散配置案がある。これは、上陸地域に、小隊級の小部隊をたくさん配置するものだ。こうすると、敵と混戦状態になりやすい。チャンスがあれば、戦車部隊で、撃破することが可能であり、敵は、航空攻撃や大規模な火力攻撃ができなくなる。

しかしZ軍は、上陸直後における機動部隊の機動力を、急速に強化できない弱点があるが、そのかわりとして、歩兵の大軍による人海戦術をとる可能性がある。そうなると、小拠点分散配置案では、各小拠点はかんたんに包囲され、孤立する可能性がある。そのため逆襲が困難になるだろうと考えて、検討案から削除した。

空輸力とヘリ輸送力は、いちじるしく発達したが、それでも、海上輸送力にはおよばない。戦車、中／重砲などの大量輸送は、いまでも海上輸送に依存している。海上輸送も、最終的には、適切な揚陸設備と接岸できる埠頭をもつ港湾が必要となる。したがって、上陸作戦はどこでもよいというわけではない。上陸作戦の成功後、港湾の占領が必要であり、それが可能な上陸海岸が選定される。

上陸用舟艇は、フェリーボートのように舟の前方が開放し、そこから陸上部隊が海岸に向かって走りだす。海岸の傾斜が急であっても、ゆるやかであっても、上陸は困難である。あまりゆるやかすぎると上陸用舟艇が、遠く沖合いに達着してしまって、舟から出た陸上部隊が、長い距離、海水の中を走らなければならないからである。

上陸作戦の原則は、第2章の河川の戦闘において説明したとおり、「障害は敵に遠く渡れ！」つまり、「上陸は敵に遠くあがれ！」である。敵が防御準備をしていないところに、奇襲的に上陸することだ。

海岸付近に適切な海中傾斜がある地域は、そんなに多くない。三鷹戦闘団が守る地域において、上陸適地は、ムーン地区入江をはさむ南北の海岸である。利用海岸地域の地形断面は243ページ下図のとおりだ。

Q1 上陸においてどの案を採用するか？ 理由はなにか？

▼参考……第2章「基本演習」におけるBattle 2, 3の解答を参考にすればわかりやすい。なにが重要であるかがカギとなる。

第2状況

三鷹戦闘団が担当する作戦区域には、上陸適地が二ヵ所も正面に存在し、全体として防御する範囲が広い。

Z軍の上陸する兵力は、師団級から小部隊による分散侵攻までいろいろ考えられる。さらに、Z軍が「どこに上陸するか」の主導権をにぎっている。また、Z軍は、空挺・ヘリボーン（ヘリによる着陸）が随時できる。人海戦術により全正面同時攻撃をすることも可能だ。Z軍の弱点は、着上陸直後の機動力が弱いこと、艦砲射撃支援力が、さして大きくないことである。

三鷹戦闘団は、こちらの状況の特性を考慮しながら、Z軍の可能行動を列挙した。一番の問題は、首都シリウス市につうじる北シリウス街道に近い海岸は、南海岸であることである。もし、敵が最初に南海岸に上陸した場合は問題はないが、北海岸に上陸した場合には、つぎの南海岸への上陸の可能性を、いつも無視できないことになる。

この問題点を克服するために、北海岸に上陸する敵に対する戦術目標は、上陸してくる敵部隊を撃破して「上陸攻撃を破砕する」ことではなく、上陸部隊を「早期に追いはらう」ことである。すなわち、水際配備がのぞましい。しかし、南海岸に上陸する敵に対する戦術目標は「上陸攻撃を破砕」して、上陸作戦を放棄させることがのぞましい。この場合、第2章の河川の防御において説明したとおり、後退配備が適している。

その結果、A案を北海岸正面に、B案を南海岸正面に決定し、防御配備をおこなった。組み合わせ案である（次ページ上図参照）。

四月、Q島の情勢を憂慮した国連は、安保理事会を招集し、多国籍軍の増強を検討したが、不用意にも、もうひとつの大国R国の代表の一人が、多国籍軍の撤退案も検討してはどうかと談話した。これを誤解したQ島のZ軍は、R国の間接的支援を期待して、十五日早朝、一斉に攻撃を開始し、Q島は戦争に突入した。

ムーン地区正面は安泰であったが、Z国はムーン地区や中部Q島の中西港地区に対する上陸作戦準備を完了しているとの情報があり、緊張する毎日がつづいていた。しかし、雨期が近づき、海上の風波もしだいに高くなる五月中旬に入って、Z

▶ムーン地区の三鷹戦闘団の防御配置

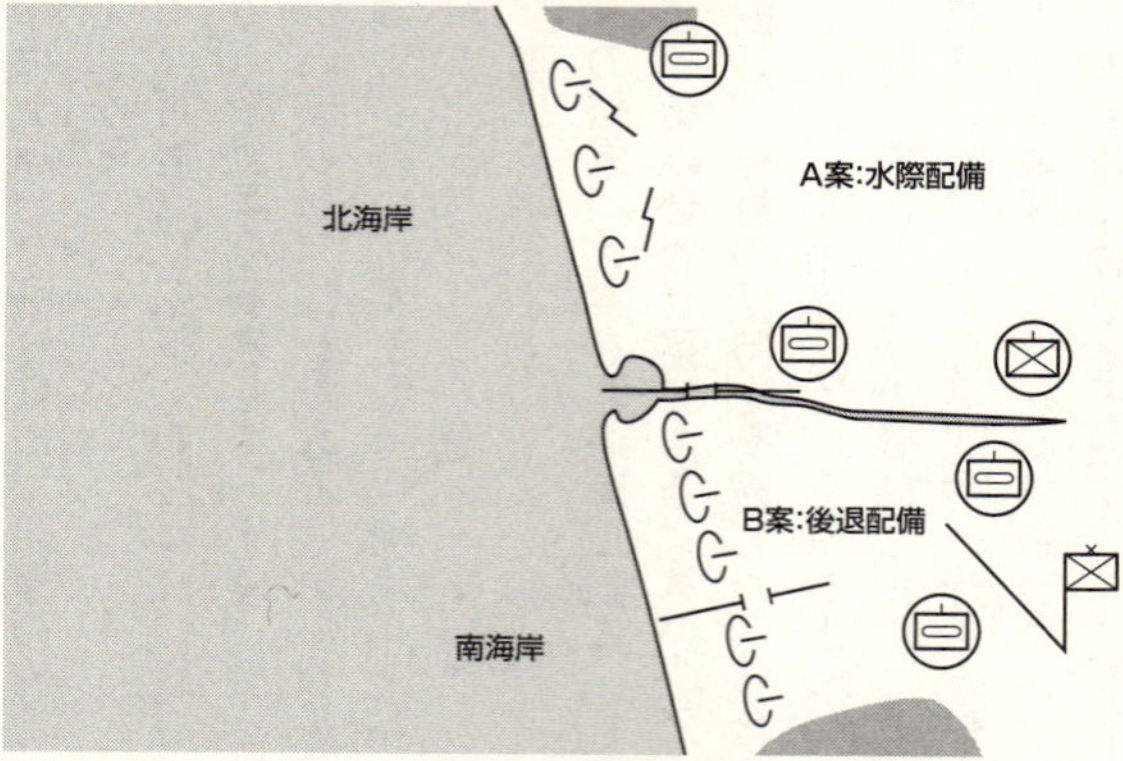

北海岸では、水際配備、南海岸では、後退配備での防衛を決定した。

▶ 5月15日8時における状況

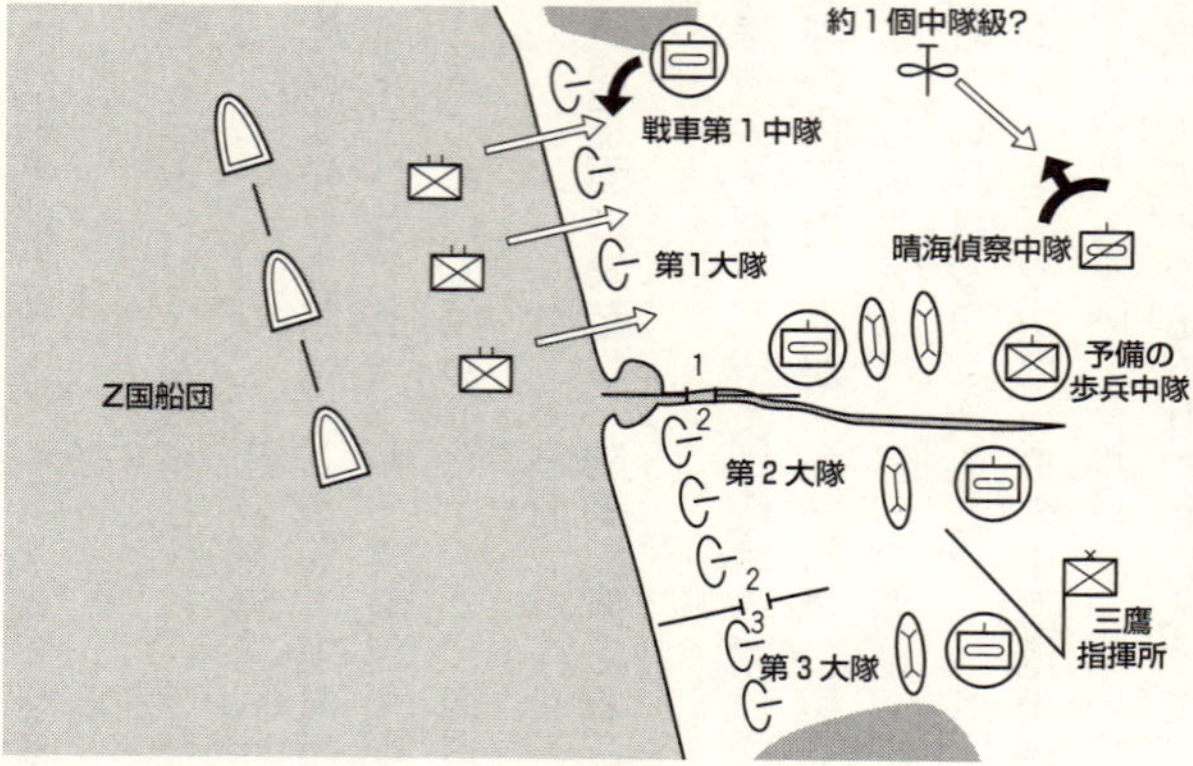

突然、海上にZ軍があらわれ、攻撃をはじめた。

軍の上陸作戦可能日は、限定されるようになっていた。

作戦司令部から知らされる週間天気予報によれば、五月中旬の週は、曇天がつづき、また雨の降る確率も、日々四〇%以上と報じられていた。ややZ軍の上陸作戦の可能性が遠のいたようだ。このため、五月十五日、三鷹大佐は、妻の誕生日のプレゼントを購入するため、指揮所を離れて、約八〇km内陸の小さな町にいた。

だが十五日早朝、ムーン地区の北海岸に、雲霞《うんか》のごとくZ軍の船団が接近していた。大部分は小型漁船のようであったが、その後方には多数の軍艦が姿を見せていた。やがてZ軍兵士が水際に上陸し、障害物を排除しはじめた。これに対し、第一線の分隊長結城軍曹が射撃を開始した。これに応ずるように、Z国海軍が、艦砲射撃を開始した。

このころ、ジュピター半島の付け根付近では、Z軍小部隊の落下傘降下に引きつづき、二〇機を超えるヘリボーンが降着していた。豪気な偵察中隊長、晴海大尉は、斥候部隊をのぞく全力をもって反撃を開始した。事後報告という、指揮所に有無をいわせない決断であった。

戦闘団指揮所には、北海岸の各陣地が猛攻をうけているとの報告が、洪水のように飛びこんでいた。一方、南海岸正面では、Z軍の偵察艦隊が、多数遊弋《ゆうよく》しているとの報告が入っている。北海岸第一線指揮官第一大隊長、嵐少佐は「夕刻まで大丈夫だ！」との強気の報告をおこなった。

竹中少佐は「ただちに戦車大隊の主力による反撃」を主張したが、梅谷少佐は空挺攻撃と、もっとも危険な南海岸正面に、第二次の上陸が引きつづき予期されるとして、「夕刻まで反撃を待つ案」を主張した。

橘中佐は三鷹大佐の指揮所帰還まで待てないと判断し、六時、右翼の戦車第一中隊による反撃を命令した。八時、指揮所に帰還した三鷹大佐は状況報告をうけ、ただちに決断した。

このとき、約一〇〇㎞南方、ＬＱ国師団が防衛を担当する中西部海岸にも、Ｚ軍が上陸作戦を開始したとの情報が入った。この場合の行動案は四つある。

Ａ案：夕刻、予備の主力をもって反撃する。
Ｂ案：ただちに偵察中隊をのぞく、予備の主力をもって反撃する。
Ｃ案：ただちに予備の歩兵中隊を第一大隊に増援する。
Ｄ案：ただちに予備隊のほか、南海岸左翼第一線の第三大隊も転用して反撃する。

Q2　敵の上陸にどう対処するのか？（Ａ～Ｄ案のどれか？）

▼参考……第1章「戦いの原則」のなかの、戦闘力の集中と経済の原則がひとつの判断の基準となる。しかし、第二次世界大戦における砂漠の狐といわれたロンメル将軍は「作戦はあくまで大胆なるべし、ただし、ばくちと大胆な作戦とは異なる。大胆な作戦とは、最悪の事態において対処できる予備をもつか、代替案があることである」とのべている。

第3状況

水際の陣地は、上陸してくる敵の海岸達着の瞬間をとらえたときは、大きな威力を発揮するが、応戦によって敵に発見されやすく、海上からの砲撃や、航空攻撃によって容易に破壊され、持久力がないという弱点がある。

Z軍も上陸作戦を実施する以上、十分な火力支援を準備しているのは当然であり、X軍水際陣地は、長時間持ちこたえられないだろう。したがって、A案は不適当である。

C案は中途半端だ。先に戦車一個中隊を投入し、ついで歩兵一個中隊を投入することは「兵力の逐次使用」であり、戦術では最悪の手である。

「早期に上陸したZ軍を追いはらう」作戦の基調にしたがって、ただちに逆襲する

B、D案がよい。問題は、逆襲にどれだけ思い切った兵力を集中するか、である。原則は、できるだけ多く集中することだ。しかし、すでに戦車一個中隊を投入したので、手持ちの予備は戦車二個中隊と歩兵一個中隊しかない。もし、南海岸に対するつぎのZ部隊の上陸の可能性がすくないと判断するか、上陸されても対策があれば、南海岸の防御部隊を、一部抽出することはできる。

参考でも触れたとおり、**「いかなる場合でも作戦は大胆であれ」の言葉を思いだした三鷹大佐は、D案を決心した。**

嵐少佐の強気の見とおしはそれでよいとして、最悪の場合、夕刻まで一個中隊の陣地は崩壊する可能性がある。ただちに反撃すれば日没まで戦闘時間が十分である。かりに第二大隊が防御する南海岸正面に、Z軍の上陸がおこなわれても、夕刻までは陣地を持ちこたえられるだろう。

しかし、ヘリボーンを併用していることを考えると、ムーン地区に対するZ軍の上陸作戦は、北西部正面が本上陸である可能性がたかいといえなくもない。しかし、依然としてZ軍が南海岸に本上陸する可能性を捨てさることもできない。

北海岸正面の戦術目標は「早期に敵を追いはらう」ことであった。南海岸侵攻の可能性を考えていることは、結果的にZ軍の牽制におどらされていることである。

三鷹大佐はD案を採用し、龍巻少佐の指揮する戦車大隊の二個中隊と、一個歩兵中隊をもって北方から、八雲少佐の指揮する第三歩兵大隊の二個中隊と、戦車第三中隊をもって南方から十二時を期して攻撃をはじめた。X空軍がこの攻撃に、二〇出撃の支援をおこなった。

攻撃は成功し、陣地の間隙からあふれていたZ軍を撃破した。Z軍の大部分は海岸に押しもどされてクギづけにされた。第一大隊の各陣地は、ボロボロになっていた。X軍は戦傷死三二名、戦車四両、装甲車八両の損害をうけた。しかし、損害をうけた戦闘車両の五〇％は明朝までに回復する見こみであった（255ページ上図参照）。

晴海大尉はZ軍へリボーン撃滅を無線報告してきた。三鷹大佐は、明朝あらたに攻撃を再開し、残りのZ軍を撃滅することをきめた。

三鷹戦闘団の二日目の反撃は、適切な砲兵火力の集中、戦闘ヘリの攻撃と戦車、装甲車の突撃によって、十六日十五時までにZ軍に大打撃をあたえた。三鷹戦闘団の損害は軽微であった。Z軍は装備・補給品・負傷者・戦死者を海岸にのこしたまま、舟艇にとびのって退却した。

一方、中西部海岸に侵攻したZ一〇二師団は、LQ国軍を撃破して、着上陸に成功した。多国籍軍司令部は、南部戦線の背後を突かれ、首都シリウス市に脅威をあたえ、さらにQ島を南北に分断されることをおそれ、とりあえず三鷹戦闘団に対し、中西部地区に転進し、LQ国軍にせまるZ一〇二師団を、できるだけ長い時間、牽制抑留するよう要請してきた。

国連平和創造軍にX国が参加しても、その行動地域は、X国政府と国連の間で、厳密に調整されており、X国政府の許可なく三鷹戦闘団は、ムーン地区外に作戦行動するわけにはいかない。しかし、状況が急変した。X国のマスコミは三鷹大佐の動きに注目している。

A案：とりあえず、中西部地区への進出を援護するため、前衛部隊をムーン地区から中西部地区への隘路出口（責任地域外）に派遣し、X国政府の許可を待つ。

B案：X国政府の許可があるまでみだりに動かない。

Q3　平和創造軍の命令をどこまで聞くのか？（A案か？　B案か？）

▼参考……だれもが日常的に遭遇する問題である。自分の責任範囲以外の仕事を命じられた場合、あなたはどうするのか？

▶ ５月15日夕刻における北海岸の状況

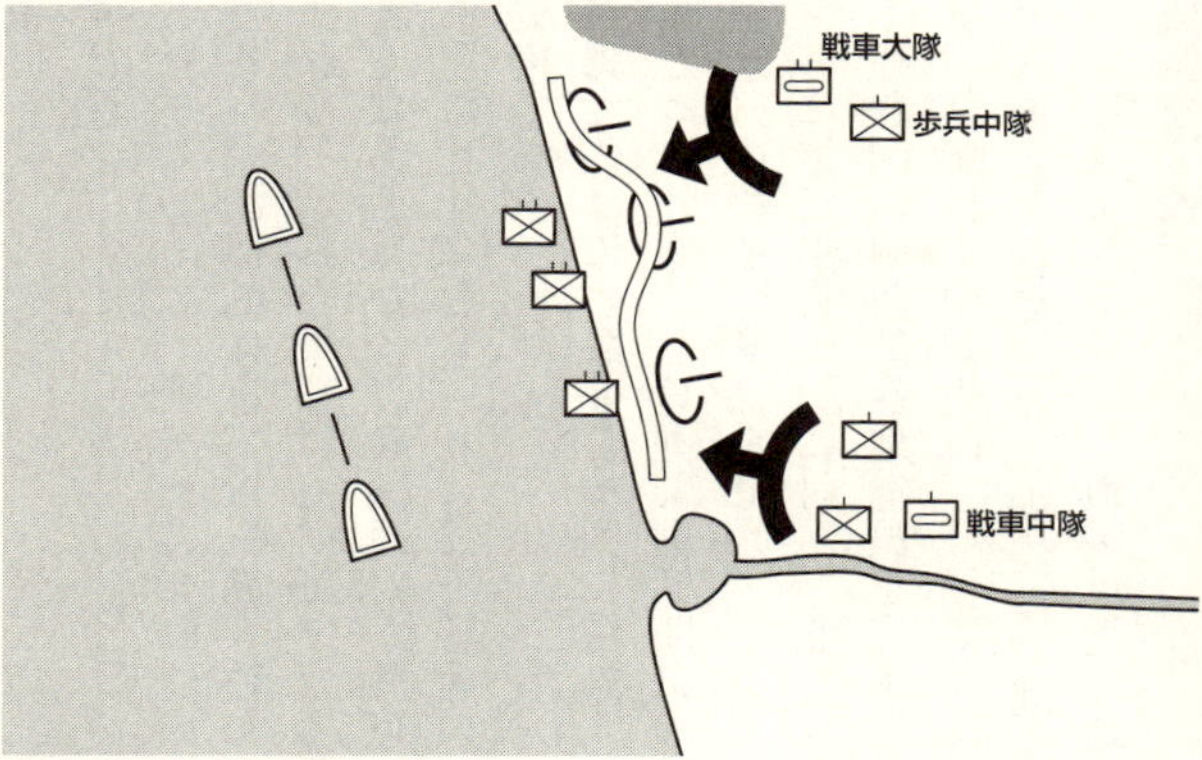

Z軍の大部分を海岸にクギづけにしている。

▶ ５月18日夕方の状況

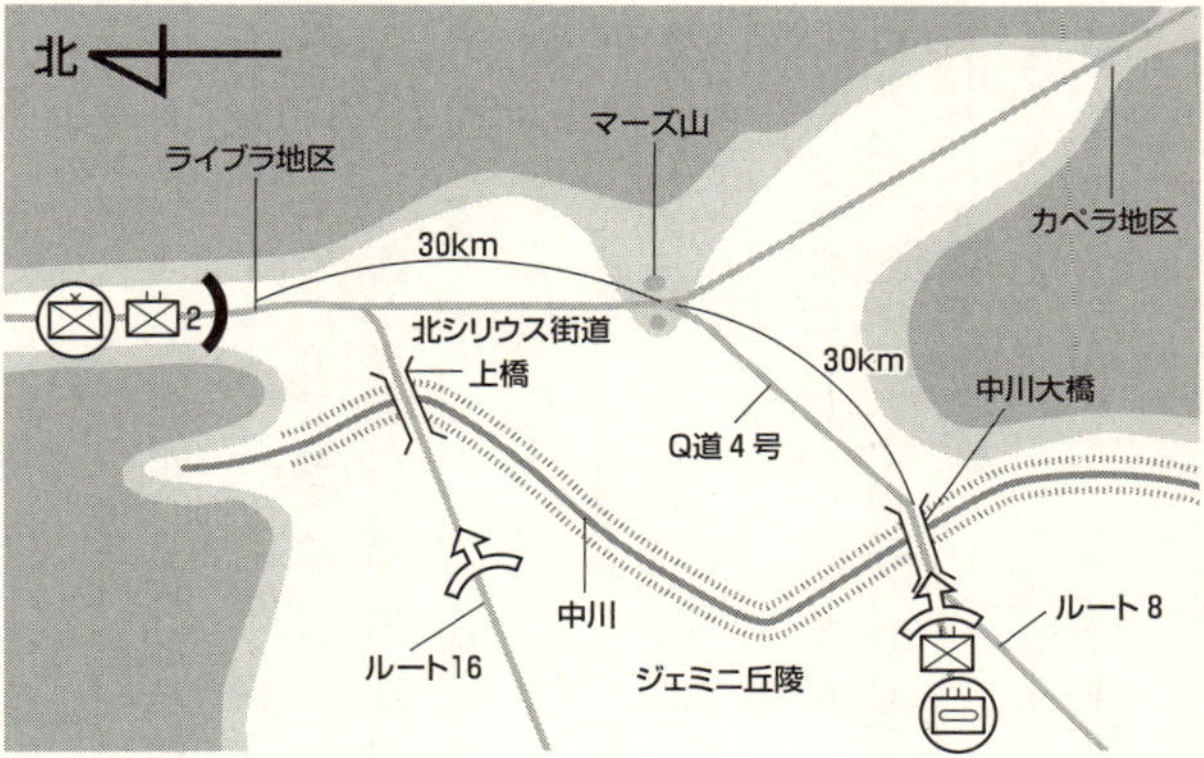

この地図は北が左になる。

第4状況

政治的にみれば、動くべきではない。動けばマスコミは三鷹大佐の独断を非難するだろう。法律的にみても三鷹大佐に動く権限はない。しかし、軍事作戦の常識からすれば、どんな事態にも対応できる選択肢を広げておくことである。

とくにあとになってX国政府が許可してきた場合、判断が遅れたために、戦術的に不利な状態におちいり、部下将兵の生命を少しでも多く失うことは、指揮官として失格である。

三鷹大佐はこの命令を本国に受諾することが、緊急であることを報告して、許可をもとめる一方、ＬＱ国警備師団に地域の作戦責任をうつすまで、晴海大尉に「北西部地区の警戒」を命令した。

さらに第二歩兵大隊に対し、北シリウス街道の隘路南側出口において「前衛となり、戦闘団の中西部盆地進出を援護せよ」と命令して、戦車第二中隊、一個迫撃砲小隊、一個自走中砲中隊、一個工兵小隊を配属した。**A案である。**

第二歩兵大隊長、春風少佐は、部隊の転進を副大隊長にゆだね、参謀を帯同して、ヘリによりライブラ地区付近の地形を偵察して、隘路を後方にする防御陣地の編成案をえた。

中西部盆地一帯は厚いシルト土壌（日本の関東平野に似た土壌）におおわれ、築城工事は比較的楽であるが、強風が吹くとすぐに土塵が舞いあがり、視界・射界をまたげる。逆に雨が降ると土がねばり、築城は困難であった。

第二歩兵大隊は夜のうちに約一〇〇kmを移動し、十七日夜明けまでに防御配備についた。三鷹戦闘団主力は、休養と再編成と系類の除去（負傷者、病人、捕虜、故障車両など、部隊の軽快な行動をさまたげる事項の処理をすること）によって、戦力の回復をはかっていた。

十八日早朝、本国から多国籍軍の命令を受領することをみとめるとの連絡があり、三鷹戦闘団は、北西部作戦区域の責任を、ＬＱ国警備隊に申し送り、偵察中隊を先頭に、北シリウス街道の南下を開始した。

夕刻までに偵察中隊は、第二歩兵大隊の陣地を越えて、中西部盆地に進入したが、たちまち中川において北東に向かって前進してくる、Ｚ軍偵察部隊および約一個大隊と接触して、夜をむかえた。

晴海大尉はとりあえず中川大橋を占領した。三鷹戦闘団主力は、第二歩兵大隊の援護下に大休止して、宿営に入った。晴海大尉の報告、および日没前における三鷹大佐のヘリ偵察、航空部隊からの通報を総合した十八日夕刻の状況は255ページのとおり。

当面のZ軍戦力は戦車約七〇両を有する機甲連隊と判断された。三鷹戦闘団より強力な相手である。また、南部正面の多国籍軍は、とりあえずP軍一個連隊基幹の部隊を、マーズ山南方七〇㎞の地点に向かい、北上させつつあるが、今後の作戦を、どう展開するのか、目下検討中である。

航空状況については、多国籍空軍が南部正面を重視して作戦中であるが、中西部上空においても、対等状況を維持している。

中川は中川大橋付近で、川はば約一〇〇m、両岸が一〇mを超える切り立つ断崖で、水流も豊か、河底は泥炭で、戦車のシュノーケル装置による渡河は困難である。

三鷹大佐は参謀のみならず各部隊長を集め、明朝以降についての作戦会議を開いた。竹中作戦参謀が起案した、作戦方針の列挙はつぎのとおり。

A案：マーズ山付近において防御する。
B案：ライブラ地区付近において防御する。
C案：中川東北岸地域においてZ軍前衛部隊を攻撃し、各個に撃破する。

竹中参謀はZ軍の戦力を勘案すれば、B案がもっとも安全な案であると進言した。

Q4　部下の意見を尊重すべきか？（A〜C案のどれか？）

▼参考……敵と味方がともに攻撃意志のある遭遇戦の問題。戦場の要点はどこか？　どちらが先に占領できるか？　それが無理なら？　第4章の第4状況の説明が役に立つ。

第5状況

中川東岸地区の要点はマーズ山である。このほかに緊要地形は、ライブラ地区隘路口、カペラ隘路口、中川大橋、上橋である。防御するなら、このマーズ山を、保持したい。しかし、準備に時間的余裕がなく、A案はムリである。

ライブラ地区付近における防御のB案は、すでに第二大隊が陣地を構築しており、これを拡充すれば、かなり強力な防御が可能であり、戦術的には妥当な案である。

しかし、この案をとると、Z軍がムーン地区とシリウス市の連接をしゃ断する可能性がある。カペラ地区方向にあらたな敵が進出すれば、中川西方地域の敵と合体して強力になろう。そうなれば、三鷹戦闘団の戦力では、作戦目的の達成が困難となるおそれがある。

ということは、少しでも、敵を各個に撃破することがのぞましい。そしてそのチャンスがあるのは、Z軍が急いで中川を渡河し、マーズ山奪取を目ざすときである。その可能性は高い。

マーズ山はこちらにもZ軍にも重要な場所だ。まずはマーズ山の争奪戦をしてから、防御に移っても遅くない。第二大隊によるライブラ隘路口の事前占領は、戦術的意味のみならず、戦略的意味も大きい。

作戦会議において、情報参謀の梅谷少佐は「Z軍はX軍とP軍の連携をしゃ断することが重要であり、明朝以降、前衛部隊主力をもって、まず、マーズ山を目標として突進する公算が大である。ライブラ地区正面に対する攻撃は、マーズ山奪取後となろう。〝障害は敵に遠く渡れ〟の原則にしたがえば、中川大橋方向から攻撃するだろう」と自信ありげに発言した。**「同意、よし！ 遭遇戦（攻撃のC案）だ」と三鷹大佐。**「わたくしの大隊は一度も激戦していません。ぜひ、先導を！」と春風少佐。

十九日払暁、「先導大隊となり、マーズ山を占領せよ」との命をうけた第二歩兵大隊は、前進を開始し、戦闘団主力がこれにつづいた。しかし同じころ、晴海大尉は戦車約一〇両をふくむ敵装甲歩兵大隊が、中川大橋を突破し、マーズ山に向かっており、中川の向こう岸には、さらに大きな部隊が接近中であると報告してきた。敵のほうがマーズ山に近い。

三鷹大佐はX航空部隊の主力をあげて中川遠岸の敵戦車部隊に対する攻撃を要請した。中川の線で、歩兵主力の部隊と戦車主力の部隊を分離したかったのだ。

三鷹大佐はライブラ隘路口を出ると、第三大隊（＋第三戦車中隊）を第二大隊の右に、ついで、第一大隊（＋対空／対戦車中隊）をさらに右に展開を命じ、戦車大隊（一個中隊）を予備においた。この結果、戦闘団全体の戦闘陣形は、右翼が後退した斜行陣となって、前進することになった。

正午ごろ、Z軍約一個大隊がマーズ山を先取したため、三鷹大佐は第二歩兵大隊の攻撃によって、敵を拘束するとともに、第三、第一大隊を左に旋回させて、夕刻までにマーズ山を包囲した。

また、晴海大尉に中川大橋の奪還を命じた。敵の後続戦車部隊はX空軍の攻撃により、戦闘陣形を乱し、中川遠岸にとまっていた。

敵は中川をはさんで前後に分離しているが、戦場の要点は敵が押さえていた。三鷹戦闘団にとっては不利な態勢になっている。第二大隊は激戦によって、約一〇％の損害をうけた。マーズ山は簡単には陥落しそうにもない。

夜をむかえて、マーズ山に対する攻撃前進を一時停止させた三鷹大佐は、これからの戦闘について参謀、戦車大隊長、砲兵大隊長をあつめて作戦会議を開いた。

A案：「中川大橋がどうなるか不明な現在、きわめて危険な態勢となった。敵主力の進出前にマーズ地区を奪取する必要がある。全力をあげてただちに夜間攻撃を！」と竹中参謀。

B案：「敵の主力こそ本当の敵である。マーズ地区を第二大隊をもって拘束し、戦闘団主力は集結して、敵主力との決戦を準備すべき」と梅谷参謀。

C案：「もっとも切迫している危険は、敵主力が中川大橋を突進することである。まず、戦車大隊主力をもって偵察中隊とともに中川大橋を封鎖しては？」と橘中佐。

D案：「敵戦車主力がマーズ地区救援のため、あわててつっこんでくるという保証はどこにもない。マーズ地区を攻め落とさず、徹底的に砲撃して救援を求めさせ、敵戦車部隊の突進を誘い出してはどうか？」と龍巻戦車大隊長の大胆な提案。

いずれの案も一理があった。どの案を選択するかとともに、三鷹大佐は戦闘の基調をきめる必要があった。マーズ山の奪取をあきらめてライブラ隘路口に撤退し、防御に転移するのが安全ではある。その案にいつか転換しなければならないかもしれない。天候は強い西風の季節風が数日強まると予報され、航空攻撃による敵戦車の制圧効果を十分に期待できなくなる。

Q5　部隊のはらがまえをきめよ（A～D案より選べ）

▼参考……比較的静かな状況において、計画的にことをすすめるのも戦術である。しかし、ダイナミックに変転する動的な状況においては、とっさに「Happy go Lucky（楽天的）」な案を生み出すことが人生のおもしろみである。大きな危険を越えれば、大きなもうけがある。リスクを避ければ、もうけはすくない。選択は指揮官の人生観による。

第6状況

A～D案はいずれもマーズ山奪取のための当面の対策案である。基本的な戦術目標の転換ではない。

A案とB、C、D案の決定的ちがいは、夜間攻撃による早期のマーズ山の奪取が容易であるか、容易でないと認識するかの差である。参謀たちは容易でないと認識している点について一致している。A案を主張する竹中作戦参謀も、今夜攻撃を続行しないかぎり、明日一日の攻撃で成功する見こみはすくないと考えているからだろう。

戦術では、「すべて不等式で考えろ!」ということばをつかう。最大限に成功する場合と、最低限に成功する場合をつねに考えろという意味だ。そして最後に、成功しない場合を考えて、作戦方針を決定的に変更をする「代替案」を準備することである。

今日、企業では等式に考える傾向がある。たとえば予測売上高の線図がそうだ。最大限の場合しか考えていない。戦術と同様にあらためたほうが合理的であり、柔軟性に富む。

マーズ山の占領が容易でないという認識は、ほぼ正しい。今夜の夜間攻撃が失敗すれば、すぐに代替案「ライブラ地区防御」に転換しなければならない。そうなったとき、早朝、部隊は疲労こんぱいしており、昼間の方針変更と、迅速な防御準備は困難であろう。A案はとれない。B、C案はとりあえずの処置案であって、最終的にどう決着をつけるかは、もう一度決定しなければならない。

決断とは戦術目標が、きちんと目的のあるものであることが必要だ。龍巻少佐の

意見は荒っぽく奇策であるが、目的ははっきりしている。三鷹大佐はD案を採用した。

急激な態勢の変換は、敵をうたがわせる。第一大隊から対空／対戦車中隊を、第二、第三大隊には戦車各一個小隊をのこして、戦車中隊を分離し、これらすべてを、この案の提案者、龍巻少佐の指揮下に入れ、中川大橋付近において伏撃の態勢をとらせた。火力部隊の主力は、マーズ山に対する砲撃を準備した。

各歩兵大隊は攻撃前進をとめた。二十日中、マーズ山の敵は、連続的な三鷹戦闘団の砲撃と航空攻撃にくるしみ、しだいに損害をつみかさねていた。しかし、敵はあわてなかった。

敵がマーズ山の確保に自信をもち、慎重に中川以東進出をはかる場合は、上橋が問題になってくる。上橋はじょうぶとはいえ木橋であり、大量の戦車の通過には不向きであるが、上橋が破壊されずにのこっていると、敵の一部がこの方向からも進出することが可能なのだ。

二十日夜、三鷹大佐は各歩兵大隊に圧迫を再開するように命令するとともに、将来の作戦のために、のこしたいが背に腹はかえられず、上橋の爆破準備を命じた。

濃い風塵がまきあがる二十一日の夜が明けた。Z軍は中川大橋のこちら側に、大量の砲撃を集中して弾幕（敵の攻撃をふせぐため、たくさんの弾丸をとばすこと）を構成した。弾幕には煙弾が混射された。西風が吹いており、これはZ軍に有利だった。この弾幕と同時に、突然、戦車・装甲車の大群が中川大橋を突進してきた。

弾幕のために、戦車、対戦車火器の視界・射界はよくて八〇〇m以下、悪くなると三〇〇mに落ちた。対戦車ミサイルの効果はいちじるしく低下した。そこで、伏撃態勢にあった龍巻少佐は、砲兵観測網と観測ヘリに、着色弾の射撃を、敵戦車部隊の頭上に射撃要求した。これによってかろうじて、敵戦車部隊の位置を把握することができた。

戦車対戦車の近接戦闘がはじまった、二十五分後、突進してきたZ軍戦車約五〇両は、そのほとんどが戦場において燃えあがっていた。三十五分後、たった二両のZ軍戦車が中川大橋を越えて退却した。X軍戦車の損害は、わずか六両であった。Z軍は一気にジェミニ丘陵に退却したもようである。偵察中隊が、これをおった。三鷹大佐はただちにマーズ山を主力をもって攻撃した。

マーズ山のZ軍は、救援戦車部隊が敗退したことを知って、戦意を喪失した。孤立無援となったマーズ山のZ軍は十五時ごろ、降伏した。三鷹戦闘団は、マーズ山に戦闘指揮所を開設し、捕虜を後送し、部隊の態勢をととのえ、戦闘力の回復を開始した(次ページ参照)。

二十一日夜、戦闘要報（一日の戦闘の簡潔な定期報告）を、多国籍軍本部に送っ

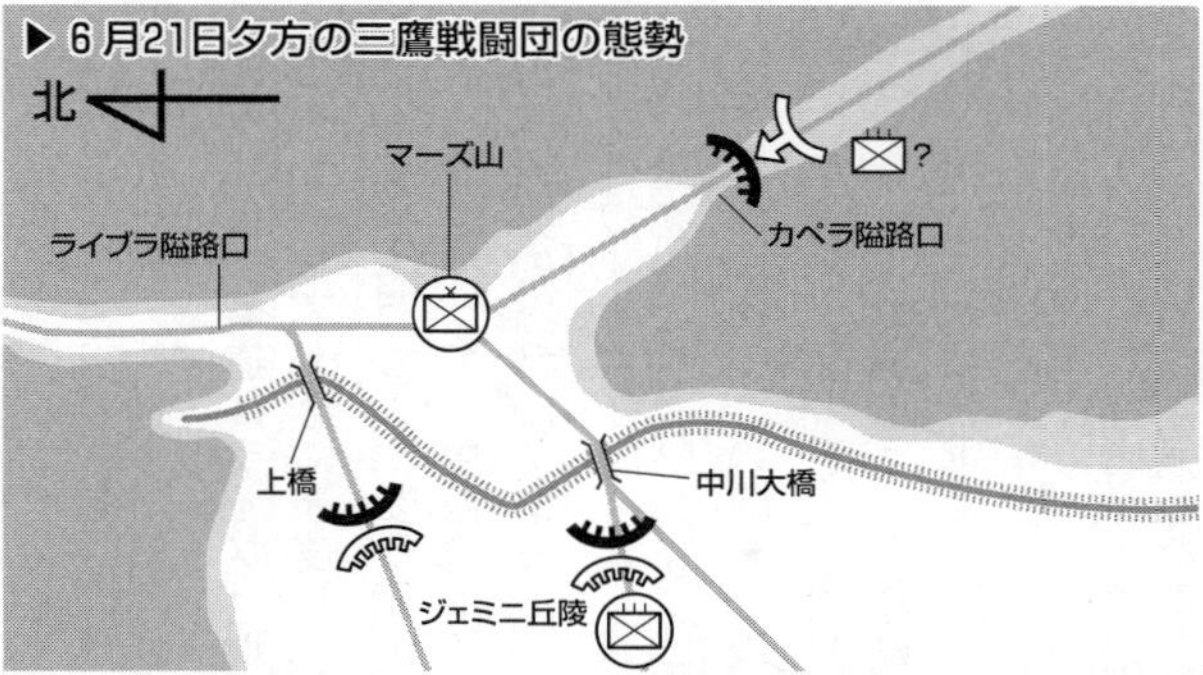

マーズ山のZ軍が降伏してきた。そして三鷹戦闘団は、マーズ山に指揮所を開設した。

た。二十二時ごろ、中西部海岸に上陸した敵の情報要約書（一日の敵情をまとめたものが、関係部隊に配布される）が、多国籍軍本部から送られてきた。

それによると中西部海岸には、Z軍の増援がつぎつぎと到着し、事態は容易ではなかった。北上するP軍までの距離は、わずか八〇kmであるが、簡単に提携できそうにもない。さらにカペラ地区からも敵が近づいているようだ。三鷹大佐は、せまりくる二方向の敵に対処しなければならなかった。

そこで上橋に着目し、工兵部隊をつかい、上橋の木橋を架柱橋（工兵部隊の装備品であり、通常約六〇mクラスの川に、二時間程度で橋がかけられる）をつかって補強させ、戦車の大量通過を可能にした。それと同時に、第一歩兵大隊の第一中隊を派遣して、西岸地域に対する作戦を可能にする態勢をとった。二十二日いっぱいを戦闘団の戦力回復につかうこととし、そのあとの作戦について各大隊長、直轄中隊長、参謀を集めて作戦会議を開催した。

北シリウス街道はライブラ地区から約三〇㎞真っすぐに南下するとマーズ山となり、そこからY字形に分岐し、ひとつは東南方に北シリウス街道がカペラ地区に延びている。もうひとつは国道四号線として中川大橋にいたり、そこから東方にジェミニ丘陵を越えて、中西部海岸地域にいたっている。中川にかかる上橋は、マーズ山の北東方約三〇㎞である（255ページ参照）。

A案：「中川西方の敵はX軍—P軍提携線の横腹にせまる危険な敵である。まずこの敵を撃破してはどうか？」と竹中少佐と梅谷少佐。

B案：「中川西方の敵は一度痛い目にあわせている。容易に決戦に乗らないであろう。それに対してカペラ地区からの敵は歩兵連隊と判断され、かつX軍とP軍の提携を阻止するために、積極的に作戦するだろう。こちらの敵から、まず撃破すべきだ」と第三歩兵大隊長の八雲少佐。

C案：「中川西方の敵と中川方向からの敵を合わせれば、敵の戦力はX軍の約二倍強となる。攻勢によって対処することには危険をともなう。マーズ山において防御するのが安全である。いまから火力部隊を整えてはどうか？」と砲兵大隊長の雨宮少佐。

各案について、副連隊長の橘中佐は「いずれにしてもP軍との連携をいそぐことはできない状況である。まずは現在の盆地における支配の確立が先決だ」とした。

このとき、人事参謀が、前線視察におとずれた、在LQ国駐在武官新田大佐と、随行してきた陸軍武官一戸中佐を案内してきた。新田大佐は静かに情報メモを三鷹大佐に手渡した。メモの概要はつぎのとおり。

〝ジャーナリストたちの質問に押されてX国内では、「十五日朝、政府の許可なくX軍の最初の発砲を命令したのはだれか？　だれが最初に発砲したのか？」の犯人さがしがおこなわれている。また、在Q国X国大使は「十七日夕、X国政府の許可なく、第二歩兵大隊をX国作戦担任地域外のライブラ地区付近に派遣した三鷹大佐の独断は処分問題である」と非難している。重要な決断は、よく相談してから実施されたい〟

三鷹大佐は苦笑いしながらメモを燃やした。戦場にこの種の文書を残すことはできない。戦場と安全な机上の決定的なちがいである。

D案：「ライブラ隘路口まで後退し、堅固に陣を構えて防御し、そのあと、北西部海岸地区への撤退を考えてはどうか？　戦死、戦傷者が多く発生しているので、戦闘をつづければX国における君の立場は悪くなる一方だから」と、新田大佐が三鷹大佐に耳打ちした。

Q6　まきおこる、官僚との確執（A〜D案のどれがベストか？）

▼参考……「基本演習」Battle 12 の解答の応用にすぎない。作戦渦中の人の身になり、まず「作戦の基調」を確立。ついで「主敵を決定する」ことである。

第7状況

X国政治家、官僚のセンスは世界の非常識であり、なにもわかっていないといわれても、やむをえない。

A、B、C、D案は戦略的・戦術的に決定的にことなっている。D案はこの場合、問題外である。A、B、C案は攻勢と防勢の選択である。さて、いずれが有利か？

この作戦目標はなんであったか？　南から提携を目指して北上する、P軍が作戦しやすいように、敵をけん制、抑留することである。そのためには、敵の攻撃を破砕するだけではなく、敵戦力をなるべく多く撃破しなければならない。

つまり、敵を各個に撃破するチャンスがあれば、それを追求する必要があるのだ。A案、B案のいずれかである。

これは、内線作戦において、最初に撃破する敵をどちらにするかの問題である。「危険な敵」か、「撃破しやすい敵」かの選択である。中川西側の敵は危険な敵であるが、中川を越えて撃破することはむずかしい。そのため、**三鷹大佐はB案を選択した。**戦闘においては、いつも作戦目標を見失わせる事案が、飛びこんでくる。しかし、三鷹大佐は迷うことなく、果断に決心した。

「中西部盆地において内線作戦をおこなう。当面の撃破目標はカペラ地区方向から進出する敵である。第一歩兵大隊（＋偵察第一小隊、第一戦車中隊、一個迫撃砲小隊）は中川の線以西に敵を阻止せよ。偵察中隊はカペラ地区の敵情を偵察。第三歩兵大隊（＋第三戦車中隊）はカペラ地区にむかって戦闘団を先導せよ」

新田大佐は「せっかく前線に出て来たオレの立場がないよ」とつぶやき、「十五日朝に君は戦闘団指揮所にいなかったそうじゃないか？」と、三鷹大佐にイヤミなすてゼリフを残して大使館に帰っていった。

二十三日朝、中川正面の作戦を担当することになった第一大隊長、嵐少佐は、最初に、まず敵と接触することが重要であると考えた。そのため、第二中隊を中川大橋から、第一中隊を、上橋から、ジェミニ丘陵にむかい前進を命じた。

ジェミニ丘陵ははば約四〇㎞、沈降した山地で、内部は錯雑地形であった。徒歩部隊が横断するには、なんとか可能であったが、左右の移動は、連続的な崖がおおいため困難である。

中西部海岸から、中西部盆地に、主要な二車線道路（Q道四号線）が一本あり、この道路に並行して、左右それぞれ約八㎞離れて、一車線道路（北側はルート一六、南側はルート八）がある。ルート八は、中川大橋においてQ道四号線と合流しているのである。

一方、戦闘団主力を先導して北シリウス街道をカペラ地区に到着した第三大隊は十時ごろ、偵察中隊からの無線連絡をうけた。「現在地、統制点七南方三K。前方道路両側の台地に敵兵を発見。攻撃する」。

大隊はカペラ地区に一時停止し、先導している中隊に対して偵察中隊の位置へ急進し、増援を命じた。しかし、しばらくして偵察中隊から「攻撃成功。追撃中」との通報が入った。

大休止して昼食をとった大隊は、十四時ごろ、カペラ地区から約一五㎞に南下していた。本隊はカペラ地区に到着していた。このとき、偵察中隊は、カペラ地区から約二三㎞の地点で、強烈な抵抗に遭遇した。十五時、増援した第三歩兵大隊も、猛烈な砲爆撃によって身動きできなくなった。

三鷹戦闘団の要請によって、X空軍が出撃したが、Z空軍との戦闘にまきこまれた。三鷹大佐は主力の前進をいそがせるとともに、竹中少佐をつれて、みずからへリによって、第三歩兵大隊指揮所に出ていった。

同じころ、第一歩兵大隊第二中隊も、ジェミニ丘陵に接近し、強力な敵の警戒部隊と接触していた。ルート八に向かった、偵察斥候班と歩兵小隊もおなじであった。

夕刻、北シリウス街道正面では、戦闘団主力が第三歩兵大隊の位置に到着し、砲兵大隊が主火力を発揮しはじめ、第二歩兵大隊は戦闘準備を開始した。日没にはまだ時間があった。

このとき、突然、敵が退却を開始し、第三歩兵大隊が追撃を開始した。同時にジェミニ丘陵正面の第一歩兵大隊から「Q道四号線とルート八から、それぞれ各歩兵一個大隊級の敵が前進を開始した。先遣した第二中隊は中川大橋に向かって後退中」との報告が入った。

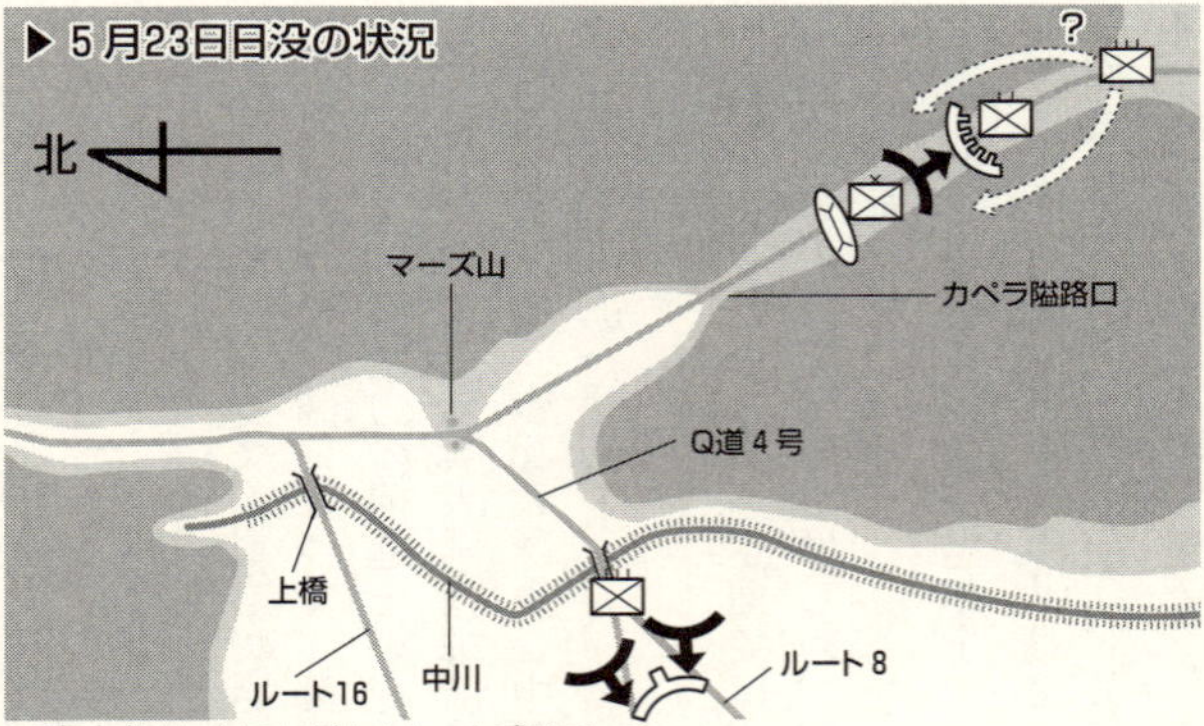

三鷹大佐は、なにかがおかしいと感じている。

戦況をみていた三鷹大佐は「しまった！　ワナに落ちたか？」との第六感が胸をさわがした。順調に前進しているのに勝っている気がしない。

戦車大隊長の龍巻少佐、第二歩兵大隊長の春風少佐が、しめしあわせたようにかけよってきた。みんな不審を感じている。三鷹大佐は、不安感を顔に出さずにいたが、竹中参謀が、おなじ思いか「つっこみ過ぎたと思います」と口火を切った。

戦闘団の戦闘部隊の後方には、兵站段列（補給、整備、衛生などの後方支援部隊が、縦陣をくんで移動しているか、円陣をくんで支援地域を開設する態勢にあること）がつめかけ、道路がふさがっている。砲兵は全力展開している。竹中少佐は「上橋からルート一六方向の状況はどうなっているんだ？」と第一大隊に問いあわせたが、返事がない。状況不明らしい。

A案：「カギは中川大橋の保持です。とりあえず戦車大隊（二個中隊を指揮しているが、戦車は一七両に減っている）を引きかえさせましょうか？」と龍巻少佐。

B案：「マーズ山までさがり、上橋を利用して、ジェミニ丘陵から進出する敵を包囲する案を考えましょう」と竹中少佐。先の問いあわせは、すでにこのことを考えていたのだろうか。思い切った案である。

このとき、カペラ地区の第三歩兵大隊長の八雲少佐から無線が入った。

C案：「間もなく後退する敵をつかまえます。引きつづき、攻撃します。第二歩兵大隊の戦闘加入を希望します」。あと一息で敵を撃破する感じである。

D案：「ライブラ地区までしりぞく案も、検討しておく必要がある」と三鷹大佐は思った。

Ａ、Ｂ、Ｃ案を黙って聞いていた春風少佐は三鷹大佐の胸の内を見すかしたように「大隊をコマギレに使っていただいても結構です。全力をつくします」と発言した。

Q7　ワナに落ちた危険はないのか？（Ａ〜Ｄ案からもっとも適切なものを選べ）

▼参考……予想どおりにはすすまないのが人間社会である。問題はそのときの始末だ。当面の解決策と、以後の行動の両方を考える必要がある。凡人は前者に優先順位をおくが、非凡な人は両方をねらった方法を考える。そのコツは「戦いの原則──目標の原則」に立ちかえることだ。

第8状況

二方向から接近する敵に対して、こちらの一部をもって二方向からの敵を支え、主力をもって、他の方向の敵を攻撃により撃破し、ついで、一部をもって支えていた敵に向かい転進してこれを撃破する「内線作戦」は、むずかしい作戦である（111ページ参照）。

一方、Z軍がとっている二方向から、一点に向かって攻める作戦「外線作戦」は有利ではあるが、ふたつの部隊の相互連携が重要になる。内線に立つ敵の主力からねらわれた部隊は、撃破されないように敵を引き込み、もう一方の部隊で、敵の一部を撃破する。そうすれば、内線に立つ敵は苦しくなる。つまり、内線に立つ側の主力は深追いをやめ、外線に立つ側の戦力が合わさるタイミングを狂わせる対策が必要である。

A案は、中川からの脅威をとりあえず阻止するためには有効な案であるが、これまでの方針、北シリウス街道の敵の撃破を追求するのか、撃破目標を中川正面の敵に変更するのか、それともマーズ山における防御に転換するのか、目的が中途半端でありものたりない。

C案は、夜間に入るので決定的成果をのぞむことは困難であり、方針を転換する必要もある。

D案は、すべての攻勢作戦が不成功の場合にとるべき「代替案」の方針である。これも、ひとつの決断だ。しかし、攻勢から防勢への転換時は、もっとも弱点を見せやすい。敵との接触を一時的にしゃ断しないと、敵につけ入られるのだ。接触を絶つためには、通常、敵に一撃をくわえ、そのひるんだスキに転換するのが、常道である。しかもライブラ隘路口まで後退することは、戦略目標の転換になりかねない。ただちにこの案にするのはムリである。

ここで大事なのは、攻勢作戦は維持するが、攻撃する敵は変えることである。主導権が敵にうつりつつあることも、真剣に考えねばならない。

そこで三鷹大佐は、カペラ地区方向からの敵を撃破できなかったが、十分地域を獲得できたので、思いきって、ジェミニ丘陵からの敵に対処するため、転進することにした。このさい、引きつづき、主導性を維持することが重要であり、そのためには、いつでも攻撃を実行できる態勢をとることが必要である。**そして、B案を採用した。**

一方、戦闘団主力の正面では、二十三日夜、第三歩兵大隊の攻撃を中止させ、現地において防御を命じた。いつまで防御せよと、時間限界を設定することはできない(防御任務に防御すべき時間を設定しないことは、世界の常識である)。自走砲火力部隊と対空/対戦車小隊によって、第三歩兵大隊を全力支援させた。

夜半、兵站部隊がまず撤退した。道路わきには、戦闘部隊の燃料・補給品を残置した。

戦闘団の編成変更はできなかった。すれば混乱をまねくだけだからだ。戦闘部隊は兵站部隊とともに遺体、負傷者、故障装備品、そのほかすべてのものを後送した。

兵站部隊のつぎは、第二歩兵大隊、ついで戦車大隊などが撤退した。最後に砲兵第三中隊、迫撃砲一個小隊を残して、戦闘団火力部隊が夜明けまでに撤退した。

三鷹大佐以下参謀は、薄氷をふむおもいで、一睡もできなかった。戦闘団全員も同様だ。第二歩兵大隊の一個中隊は、第一歩兵大隊に配属され、中川大橋にむかった。戦車大隊長は一個中隊をマーズ山―上橋の中間に、一個中隊はマーズ山―中川大橋の中間に配置した。「X軍の分散―敵の分散―X軍の集中」は一連の行動であるとの原則にもとづく展開である。

冷戦後において、米軍のセイント将軍は、「将来の戦闘は凸レンズによって太陽光線を随時随所に一点に集めるような戦闘となろう」（一九九三年十一月）とのべている。X軍は、このような訓練を、十分にうけていた。

中川大橋では、東岸に撤退した第一歩兵大隊が、終夜Z軍の猛攻をうけたが、かろうじて中川大橋を保持した。第一歩兵大隊の戦闘指導に派遣されていた竹中参謀は敵の砲撃をうけて戦死し、認識票のみが後送されてきた。上橋では、第一大隊第一中隊が対岸を保持していた。

二十四日の夜が明けた。偵察中隊が後退して、カペラ地区に展開し、対空挺警戒をおこなっていた。ライブラ付近では、兵站部隊が武器をとって、同じく対空挺警戒にあたっていた。しかし、戦闘団の戦力は広域に分散して、ばらばらになっていた。

三鷹大佐は事態を憂慮していた。内線作戦によって勝利をうることはできなかったが、かろうじて中川以東の地域を維持している。偵察中隊はこれまで損害が二〇%におよび、疲労こんぱいしている。第一歩兵大隊の損害は未集計であるが、かなりの打撃をうけていると予想できた。しかし、敵もジェミニ丘陵の部隊と北シリウス街道の戦力を合わせることに成功していない。

三鷹大佐は作戦参謀を失ったので、橘中佐に、マーズ山における防御案の作成を命じた。橘中佐はZ軍にくらべてX軍は機動力にすぐれている。しかし、戦車を主体とする機甲部隊ではないので、時間がえられるかぎり、陣地防御の利点を活用したいと提案した。陣地防御には、三つの案がある。

A案：『陣地防御方式』／古典的な方式。強力な楯をつくるのが目的。

B案：『アクティブ防御方式』／わざとマーズ山と平地部の陣地の間に間隙をつくり、そこから陣地を突破してくる敵を、陣地後方において打撃しようとする案。この案は機動防御方式に適さない歩兵部隊が、機動防御の利点を活用しようとするものであり、第二次世界大戦のドイツの名将、マンテゥフエルが活用し、戦後、米陸軍が「アクティブ・ディフェンス」戦術教義とし

▶マーズ山付近の地形における防御策は?

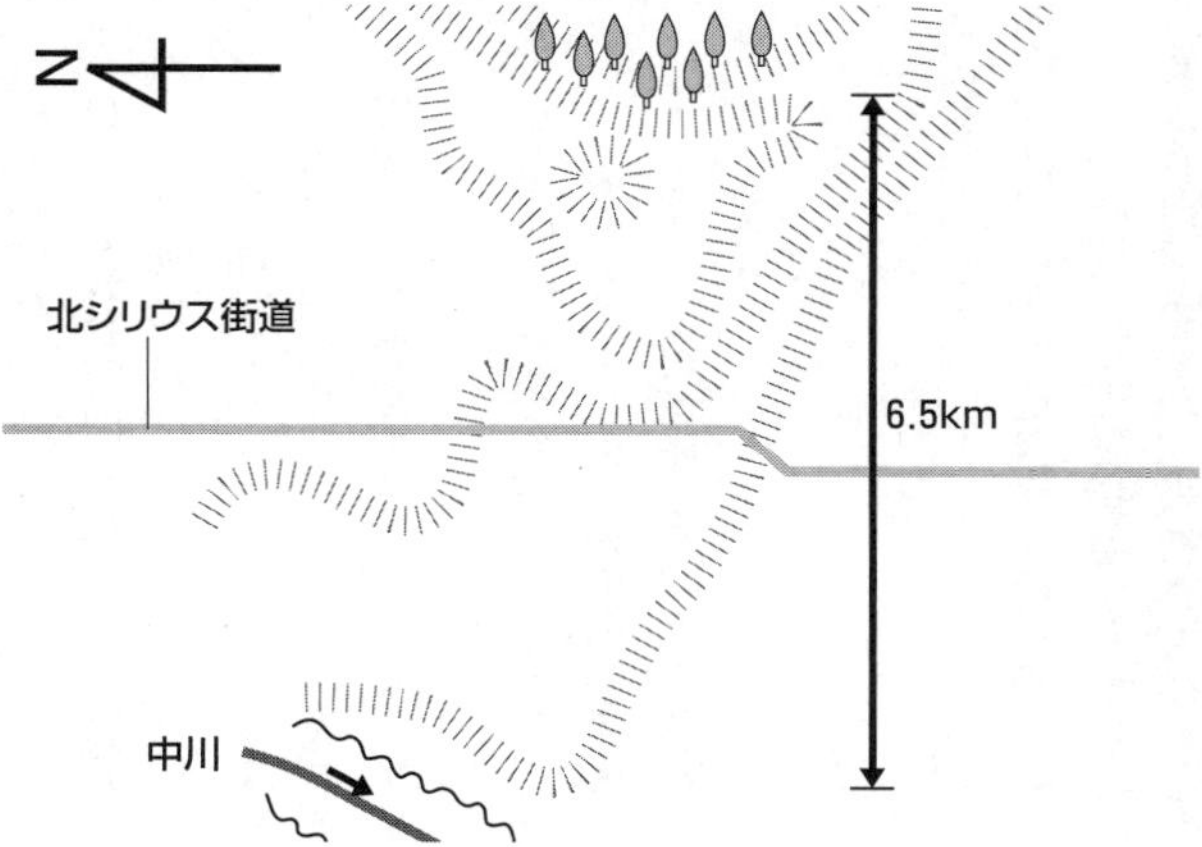

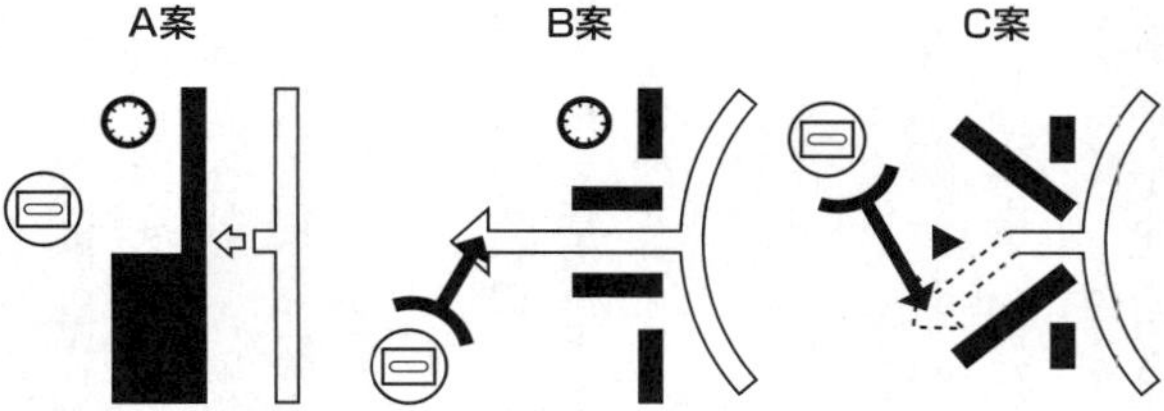

陣地防御方式
(もっとも古典的な方法。強力な楯をつくるのが目的)

アクティブ防御方式
(わざと陣地にスキをつくる方法)

機動防御方式
(制空権の獲得と強力な対地攻撃支援が必要になる)

てとりいれた。

C案：『機動防御方式』／冷戦時代に米陸軍が、NATO軍とWP軍（ワルシャワ条約軍）がバルチック海からアルプスまで、開放翼なしに対峙していたときに開発した「エア・アンド・ランド・バトル」戦術教義の応用である。この実行のためには、X空軍とP空軍による制空権の獲得と、強力な対地攻撃支援が必要である。

Q8　最上の防御策を選びだせ（A～C案のなかでもっともよいのはどれか？）

▼参考……この状況の問題点は、防御準備にたずさわる兵力が不足することである。どの部隊から、順次後方に下げることができるかを考えることがカギであろう。

第9状況

橋中佐は、C案は統合作戦指揮所が開設されないかぎり、「空軍に依存」する案であり、この状況では戦闘指導がむずかしいと考えた。

B案は有力であるが、当初A案にもとづいて防御準備をすすめてからでも、移行できる。

結局、堅実なA案を三鷹大佐に進言することに腹案をきめ、情報参謀の梅谷少佐に、A案に対する「Z軍の可能行動（Enemy's course of actions）」の列挙を要求した。かねてからこのことを考えていた梅谷少佐は、

①突破　a案：マーズ山正面から
　　　　b案：平地正面から
②包囲　東部山地から
③迂回　上橋方向から

として、「攻撃における三つの機動方式がいずれでも採用可能である」と答えた。

「同意だ。それぞれについて連携する敵の空挺攻撃・ヘリボーンについても考察せよ」と指示した橘中佐は、現態勢から、どうやって防御に移行するかを検討した。

A案：第三歩兵大隊（一個中隊をカペラ地区にのこして偵察中隊に配属）を後退させ、第二歩兵大隊（現在二個中隊保有）とともに、第一線戦闘陣地を占領構築させる。

B案：第一、第三歩兵大隊から各一個中隊を抽出し、第二歩兵大隊の二個中隊とともに第一線戦闘陣地を占領構築させる。

Q9 どうやって防御に移行するのか？（A、B案のどちらかを選べ）

▼参考……防御陣地の前方から接近する敵は二方向にわかれている。あつかいにくい状況である。それぞれの案について敵はどう出るか、シミュレーションすることが必要だ。

A案は防御における各部隊の編制を堅持できるとともに、危険な中川大橋正面の防御力を維持できるが、獲得した北シリウス街道を、放棄することになる。その結果、火力戦闘の射程を考えると、敵がカペラ地区に長距離砲を展開すれば、結果的に陣地前方が、射程内に入り、防御準備と部隊の後退（陣地占領）がスムーズにいかない可能性がたかい。

名将の格言によれば、兵力が不足したときは、主要な部隊を動かさず、各部隊から適切に小部隊を抽出したほうがよい。経験則であり、説明のしようがない。**B案を採用した。**

橘中佐は、この結論を、三鷹大佐に示した。大佐は「よし。問題はいつから準備をはじめるかだ」と答えた。

　二十四日は、戦線に大きな動きはないようにみえた。しかし、第三歩兵大隊に対してＺ軍は、夜間を利用して両翼の山地から、徒歩の大部隊が迂回しているおそれがあった。

　このことを予期していた三鷹大佐は、ヘリ偵察を活用し、山地を移動するＺ軍の動きを部分的に発見し、この情報を第三歩兵大隊に通報した。第三歩兵大隊長、八雲少佐は各中隊から、一個小隊を抽出して、背後連絡線の防護を強化した。

　十五時、国連多国籍軍司令部から「戦力回復を終了したＬＱ国〝猛虎師団〟が、北西海岸地区（ムーン地区）をへて、北シリウス街道を南下し、二十八日に中西部盆地に進出する。三鷹戦闘団は猛虎師団の進出を援護せよ」と命令してきた。世界中どこでも、軍隊には「後命優先の原則」がある。すなわち、新しい命令は、自動的に先の命令を失効させるのだ。

　また、世界の軍事界の常識では、一般に防御任務、防勢任務をあたえるときは、期間を限定しない。これに対して攻撃任務、攻勢任務をあたえるときは、任務達成の必要時期を明示する。Ｘ国の戦術教育では、従来、この世界の常識と逆を教えてきた。

　三鷹戦闘団の任務が新しくなった。幸い、マーズ山における防御は、この新任務にあっていた。問題は新しい任務を達成するために、いかに円滑に移行するかである。三鷹大佐はただちに、橋中佐の立案した防御計画にもとづき、夕刻以降、防御準備に着手する命令を、発令しようとしている。三鷹大佐はふたたび梅谷少佐に、現在の敵の可能行動の採用公算について、どう考えるか？　を質問した。梅谷情報参謀は、

①：北シリウス街道に沿う敵は、今夜もうひと晩、徒歩機動により、カペラ地区に出て、明朝以降、こちらの第三歩兵大隊を包囲攻撃し、これと同時に、ジェミニ丘陵からの敵が中川大橋正面から攻撃するだろう。

②：①のカペラ地区における攻撃に連携して、ジェミニ丘陵からの敵が、上橋方向から攻撃するだろう。

とした。「どっちが主敵だ？」と連隊長。「両方です。うしろに黒幕がいます」と梅谷参謀。

「そうだろうか？　ジェミニ丘陵の敵の作戦の失敗に対して、北シリウス街道の敵は、救援にきたらしい。ジェミニ丘陵正面（中川正面）の部隊の行動をあてにしていないようだ。この敵の作戦の主導権は、救援部隊指揮官がにぎっているようにみえる。しかも、たくみに山地をつかっている。なかなかのやり手だ」と連隊長。

理屈からいえば、梅谷参謀のとおりである。戦場における指揮官は、孤独である。それだけに指揮官は、敵指揮官の心情を読む。しかし、第六感に頼るのはどうもいただけない。しかし、なにかがおかしいと、感じるのだ。迷いどころである。

A案：橘中佐案（284ページB案。第一、第三大隊から各一個中隊を抽出し、第二大隊とともに防御準備）を実行する。

B案：中川沿いの防御戦力を減らしてマーズ山防御準備に移行する。

C案：第三大隊をカペラ隘路口まで後退させる。

Q10　指揮官の孤独（A～C案のどれかを選べ）

▼参考……二十四日午前現在のところ、マーズ山において陣地を構築しているのは第一大隊の第一中隊（一個小隊を上橋に残置）、第二大隊と砲兵、工兵、通信部隊などである。早く前方の部隊を後方に下げて陣地構築に従事させたい。しかし、この防御準備の間、敵をなるべく遠くにして防御準備の妨害をさせたくない。問題は両方向の敵のうち、どちらを主敵とみるか、あるいは主敵をきめつけないかにかかっている。

第10状況

新任務に対応するためには、ライブラ地区またはマーズ山を確保しておかなければならない。A案は堅実な案である。しかし第三歩兵大隊は、カペラ隘路口に後退させないと、危ない状況になっていることを、考慮する必要がある。

どれが本当の敵なのだ？　三鷹大佐は、**彼自身の戦場のカンに賭け、C案を決定した。**そして第三歩兵大隊に対し、敵を牽制しつつ、すみやかにカペラ隘路口への退却を命じた。

二十五日夜明け前、カペラ地区において、北シリウス街道沿いの敵が猛攻を開始した。同時に中川大橋正面にも、敵の攻撃が開始された。昼ごろ、第三歩兵大隊は、ついに防御態勢の両翼を攻め落とされ、約二km後退して、敵と接触中であった（290ページ参照）。

十五時、中川大橋正面を守る第一大隊の後方に、約三〇〇のZ軍空挺部隊が降下したが、戦車中隊によって撃破された。しかし、これ以上の中川大橋の保持は、困難になった。三鷹大佐はまず明るいうちに、戦車大隊の援護下において、中川正面の部隊の後退を完了させ、夕刻以降、第三歩兵大隊の全面撤退を命令した。

二十六日朝までに、敵は防御陣地前方に進出してきた。兵力は砲兵約五〇門に支援された戦車六〇両をふくむ歩兵二個連隊強、約五〇〇〇と判断された。三鷹戦闘団は、逐次、補充をえているが、戦闘部隊の兵力は、約一八〇〇に減少していた。

二十六日は、一日中、敵も攻撃準備にいそがしいと判断された。そのとおりZ軍の攻撃はなかった。

二十七日の朝がきた。猛烈な砲撃が開始された。三鷹戦闘団は、今日は激戦になると覚悟し緊張した。しかし、昼ごろになっても、敵は攻撃してこなかった。

ヘリによって、新任の影少佐が、故竹中参謀の後任に作戦参謀として戦場着任した。P国指揮参謀大学から卒業して帰国したばかりで、LQ国留学生とも、面識が多いとのことである。

明日にもLQ国猛虎師団が進出してくる。夜を迎えた。さすがに三鷹戦闘団長も気疲れしていた。人事参謀は「少し休まれては？」とウイスキーをもってきた。

二十八日の夜が明ける前であった。突然、三鷹大佐は、梅谷少佐からたたき起こされた。熟睡していたらしい。

「LQ国猛虎師団が北西部海岸―中西部盆地隘路内においてZ軍から猛攻をうけています。こちらの背後連絡線も、完全に絶たれました」

Z軍は、数日前から歩兵の大軍を東部山地とジェミニ丘陵から、山中徒歩行軍によって、この隘路に向かい、機動させていたらしい。ジェミニ丘陵の敵がさして活

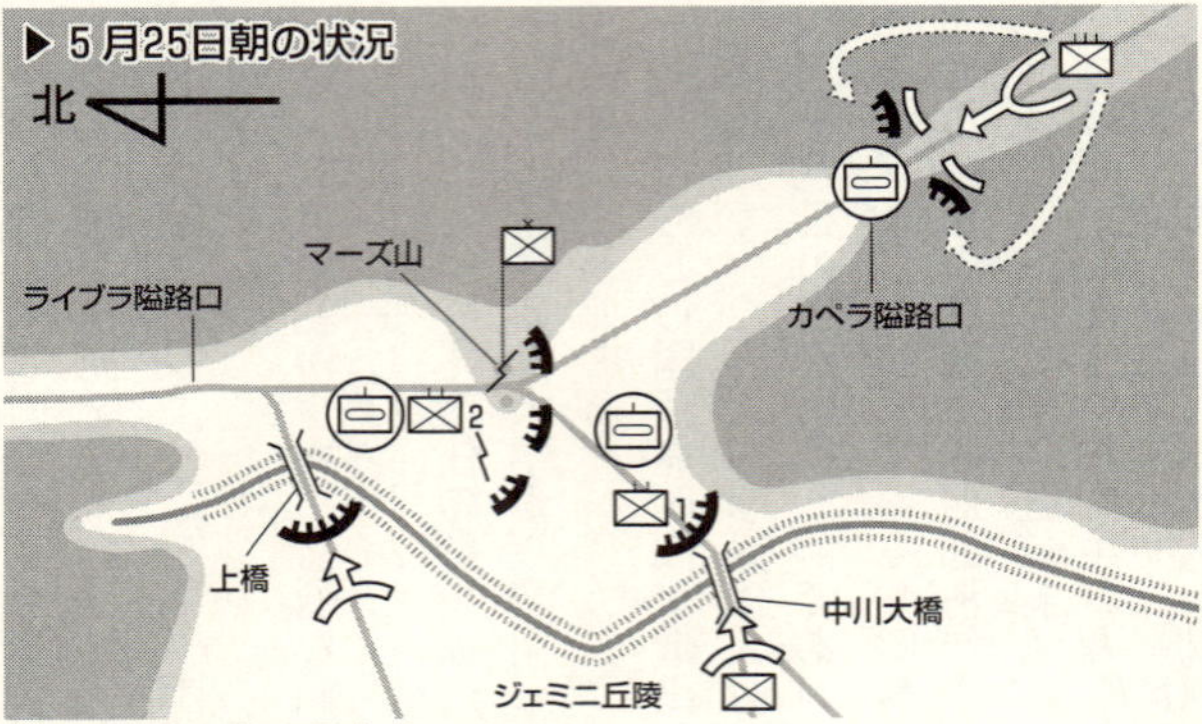

カペラ地区で、敵の猛攻がはじまった。

発でなかったわけもうなずける。三鷹戦闘団は、中西部盆地のどまんなかに孤立していることに気がついた。Z軍の戦術文化はX軍のそれと、完全にちがっていた。梅谷情報参謀の予感があたっていたようだ。背後にとんでもない黒幕がいるのではないか？

三鷹大佐は、とっさに第一歩兵大隊長に対し、「上橋を爆破せよ！」と命令した。敵は、上橋からこちらを包囲するにちがいないと感じたからである。

一方、戦闘団指揮所では、三鷹大佐が影少佐に、「どうする？」と聞いた。新任を、ためしてみる気もあった。もちろん、ほんとうは、腹はきまっている。影少佐は、

A案：円陣を組んで籠城する。
B案：目前の敵に対し出撃する。

C案：一部をもってマーズ山を保持し、主力をもってライブラ方向にLQ国猛虎師団の救援に向かう。

D案：現態勢を維持する。

の案を列挙したが、即座にA案が最適ですと進言した。

Q11　試される新任少佐（A～D案から適切なものを選べ）

▼参考……戦況が混沌となり、敵の手が読めないときには、「戦いの原則」に立ち返って考えてみることである。主導の原則と機動の原則が適当であろう。

第11状況

「機動の原則のとおり、敵は機動によってこちらの精神的均衡を破壊するだろう。こちらがそこであわてて配備変更すれば、敵はその転換時の弱点につけ込んでくる。陣地防御において、兵士は自分の塹壕を自分の棺桶と思って穴を掘る。それをいたずらに変更してはいけない。配備変更すれば、結果的に個々の陣地がきわめて弱くなる。要は軽挙妄動（C、B案）せず、敵の主攻を発見し、戦闘力を集中して、主攻の攻撃を破砕することである。円陣を組む（A案）には歩兵戦力が足りない。直径の小さい円陣は、火力攻撃のエサにすぎない。それより堅実な案を採用しよう」

と三鷹大佐。D案である。

上橋が敵の手に落ちたことが、戦闘団指揮所に報告された。「いよいよ敵が、本攻撃をしかけてくるか、まず正面から堂々の攻撃により、こちらを引きつけ、東側の山中から歩兵の大群が徒歩により、包囲攻撃してくるだろう。さらに後方の兵站部隊も徒歩部隊の攻撃をうけるだろう」と梅谷少佐。警報が発令された。各部隊は戦闘配置についた。

二十八〜三十日の三日間、マーズ山陣地に対する、Z軍の猛攻がつづいたが、三鷹戦闘団の勇戦健闘によって、攻撃が頓挫した。X空軍は、パイロットの疲労の極限まで出撃をくりかえし、三鷹戦闘団を支援した。

LQ国猛虎師団も、しだいに不利な態勢を挽回した。山中を迂回してきた、Z軍歩兵の大軍は、軽装備であったので、当初の奇襲効果が薄れると、攻撃力が急速に減退した。

五月三十一日八時ごろ、ついに猛虎師団の先頭が、ライブラ地区に進出しつつあった。三鷹大佐は「もう予備を拘置しておく必要はない」といいはなった。

偵察中隊、戦車大隊、歩兵二個中隊、対空／対戦車隊、攻撃ヘリ、ヘリボーン、全火力支援、X空軍の対地攻撃を動員して、中川大橋に向かってどんどん出撃させた。攻撃、転移である。

敗敵に跟随すれば、一〇％くらいの可能性で橋を占領できるかもしれない。任務の、最大限の達成を追求したのである。

昼ごろ、中川大橋を無傷で占領することができた。これによってジェミニ丘陵地域における作戦を、早期に展開できることになった。

一方、LQ国猛虎師団が、三鷹戦闘団の陣地を越えて前進し、北シリウス街道をカペラ方向に向かった。夕刻、国連多国籍軍司令部から三鷹戦闘団に対し、謝辞がとどき、ついで新しい任務が発令された。

「三鷹戦闘団は、ジェミニ丘陵西端の線に進出し、そのあと、中西部海岸地区の北部の要港、バルゴ港を占領せよ。猛虎師団との作戦境界は、ジェミニ丘陵東縁とする。作戦開始六月四日」

ジェミニ丘陵の手前までは、猛虎師団の一個連隊が追撃して、Q道四号線、ルート八、ルート一六のジェミニ丘陵隘路の入り口を、占領していた（295ページ上図参照）。三鷹大佐はすぐに偵察中隊を派遣して、それぞれ隘路の入り口の調整に出発させた。偵察部隊は、いつの時代も休めない因果な部隊である。

マーズ山の防御戦闘で三鷹戦闘団がうけた損害は、戦死八〇、戦傷二〇〇であった。装備も約一五％がうしなわれた。とにかく、四日間の戦力回復期間は、戦闘団にとって幸運であった。

雨期が近づいていた。雲が低く航空機にとって視界が悪くなった。六月三日、戦闘団は中川大橋を渡り、ジェミニ丘陵の東側に接近した。三鷹大佐は攻撃方針を検討中である。

A案：主力をもってルート八に沿い攻撃する。
B案：主力をもってQ道四号線に沿い攻撃する。
C案：主力をもってルート一六に沿い攻撃する。
D案：全道路に沿い、おおむね均等な戦力をもって攻撃する。

Q12 休息のあとのあらたな攻撃（A～D案より選べ）

▼参考……「基本演習」Battle 2のコラムを読めば、やさしい問題である。

▶三鷹戦闘団の新作戦地域

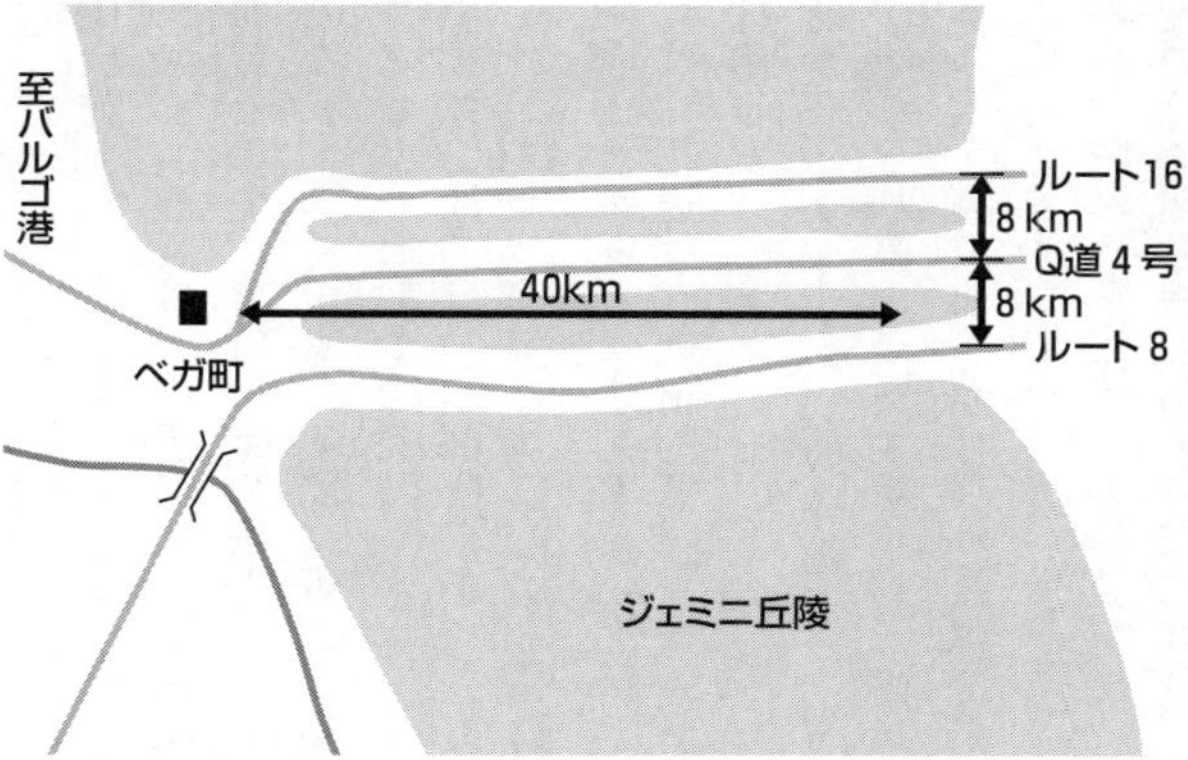

ルート16、Q道４号、ルート８は、８km間隔で、平行に走っている。

▶６月３日ジェミニ丘陵の敵情

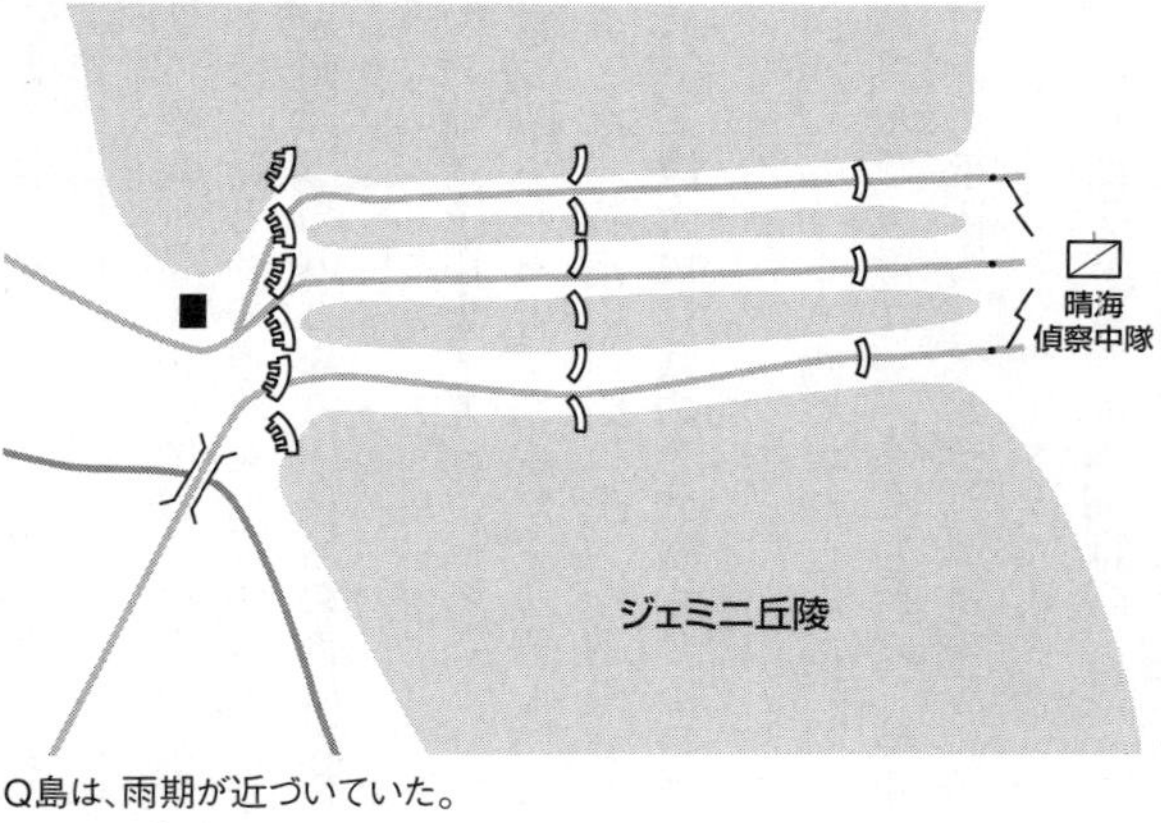

Q島は、雨期が近づいていた。

第12状況

ジェミニ丘陵は、中国―インド国境地帯のような高地帯の山地ではないが、地形が複雑なので、ほぼ山地の戦闘に近い。山地では、ひとつの道路を前進する部隊がどんなに大きくても、実際に戦闘する部隊は先頭部隊のみとなり、後続の部隊は待機するかっこうになりやすい。

つまり山地では、小部隊であっても、大部隊の前進を阻止・遅滞させることができるのだ。また、横方向に対する移動は、通常制限されるので、攻撃する側も防御する側もそれぞれが独立戦闘となる。ということは、特定の道路に主力を前進させる案は、普通は、戦術的意味がない。そのため、**三鷹大佐は兵力を分散させるD案を採用した。**

北から、「ルート一六攻撃縦隊」「Q道攻撃縦隊」「ルート八攻撃縦隊」と名づけられ、それぞれ第一歩兵大隊、第二歩兵大隊、第三歩兵大隊がわりあてられた。戦車は各歩兵大隊に各一個中隊が配属され、そのほかの部隊も、それぞれほぼ均等に戦力が配分された。

戦車大隊（一個中隊）、多連装ロケット中隊、ヘリ部隊、戦闘団本部は、ジェミニ丘陵のQ道四号線隘路入り口に残り、全般支援にあたるとともに、一番早くジェミニ丘陵を突破した縦隊の経路を、前進することにした。

どの縦隊が一番早いか。三個縦隊並列の競争であった。嵐少佐、春風少佐、八雲少佐はたがいの健闘を誓ってわかれた。四日五時、各縦隊はいっせいに前進を開始した。

山地内の戦闘は、一度、敵の抵抗に遭遇すると、おおくの場合、徒歩戦闘になる。たとえ、戦車部隊が敵の防御地域を突破しても、山地の要点を死守している敵陣地があれば、補給を断たれる。つまり、歩兵の徒歩戦闘によって、その要点を奪取しないかぎり、奥深く突進をつづけることはできない。

六月六日、雲がたれさがり、海から雨が横なぐりに吹きつけていた。各縦隊の戦闘は、思うように進展していなかった。情報参謀の梅谷少佐は、ムリを押してヘリにより、ナッピング飛行（地形に沿う低空飛行）して戦線視察に飛んだ。

第二大隊の戦闘指揮所をおとずれ、敵情を掌握したあと、比較的戦況が進展している第一大隊指揮所にむかったが、敵の射撃をうけて被弾し不時着した。さいわい、結城軍曹によって救出された。

Ｑ国は、いよいよ雨期のシーズンがはじまった。三鷹戦闘団の各縦隊は、ジェミニ丘陵をとおるのに三日かかった。

まず、六月七日朝、第一歩兵大隊がルート一六に沿いジェミニ丘陵からとびだした。ジェミニ丘陵西側にはZ軍が随所に展開しているらしい。ルート一六はジェミニ丘陵から西南西に延び、ベガ町においてQ道四号線と合体し、そこから四号線は北北東に向かいバルゴ港に通じている。

この報告を聞いた三鷹大佐は、つぎの戦闘指導について考察中である。

A案：Q道四号線の敵の背後に向かい攻撃させる。

B案：ルート八の敵の背後に向かい攻撃させる。

C案：バルゴ港に向かい突進させる。

D案：隘路出口において防御させる。

Q13　三鷹大佐の最後の決断（A案～D案のどれかを選べ）

▼参考……「敵の可能行動」をあげ、シミュレーションしてみることだ。そして敵にとってもっとも「戦いの原則――集中の原則」を活用できるのはどの案か、考察してほしい。さらに、敵とこちらのいずれが牽制し、いずれが逆牽制になるか、を考える必要もある。

第13状況

敵は四号線、ルート八隘路口を堅固に保持し、予備を結集して、第一歩兵大隊に対し、逆襲することが、主導性を奪回するもっとも合理的な選択である。したがって、A、B案は、敵の逆襲と激突することになる。

三鷹大佐は、戦闘団が確実に全戦力をジェミニ丘陵西側に進出させることができるまで待つ、**D案を採用した。**A、B案は危険である。C案はさらに危険なため、論外であると考えた。

第一歩兵大隊長の嵐少佐は不満であった。第一歩兵大隊の正面の敵は、急速に後退し、大きな間隙ができていると判断したのだ。嵐少佐は、ふたつの案を考えた。

A案：バルゴ港方向に向かい突進する。そのため、戦闘団長に威力偵察（攻撃により敵情を偵察すること）の許可をえる（三鷹大佐をだまして命令違反する）。

B案：命令にしたがい、一時防御する。

▶ 6月7日朝頃の状況

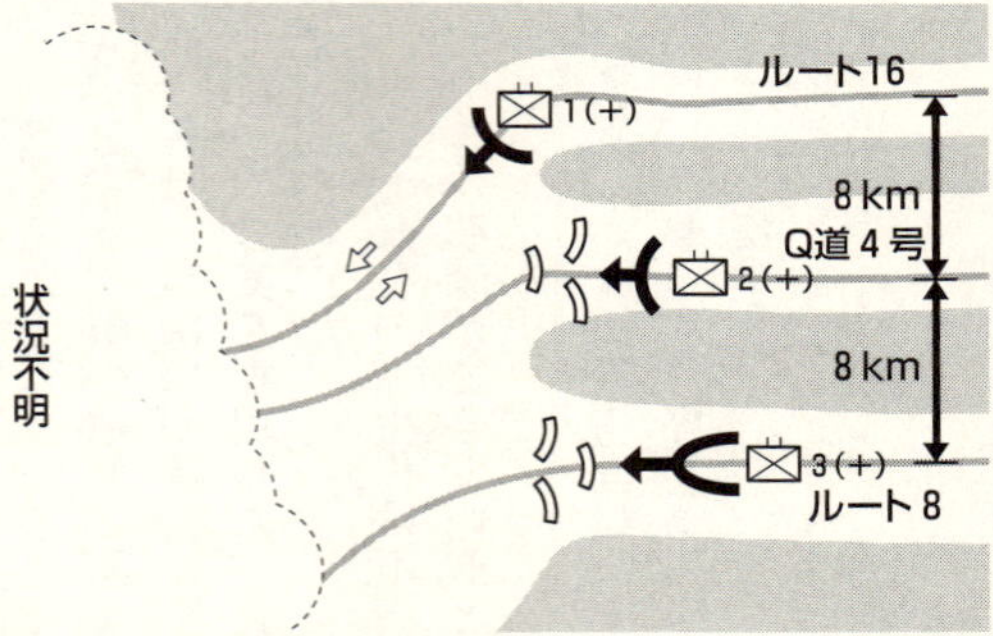

ジェミニ丘陵をとおるのに、3日を必要とした。

Q14 命令違反は罪なのか?(A案、B案どちらを選ぶか?)

▼参考……最後の問題である。解答参考はない。読者の性格の問題だ。

第14状況

嵐少佐は三鷹大佐に、「敵は退却中であり、接触をうしなうおそれがあります。威力偵察の認可をいただきたい」と意見した。混乱状態にあるZ軍に対して兵力の多少は問題ではなかった。そのため、戦機に乗ることを求めたのだ。

B案をとれば、敵も態勢を整えることができる。しかし、かえって逆襲をうける危険がある。

三鷹大佐はもっともな要請であると判断

し、「偵察ならよかろう」と**A案の威力偵察の認可をあたえた。**しかし、嵐少佐は威力偵察を口実に全力をひきいてベガ町に向かい突進した。

「現場指揮官がもっとも現場を知っている」のは鉄則である。毛沢東は「特殊性の原則は一般原則に優先する」とのべている。どんな原則よりも、現場の特殊性を大事にしろという意味だ。

三鷹大佐は嵐少佐の処置を追認し、ただちに戦車大隊を第一歩兵大隊に急追させ、増援させた。十時、第一歩兵大隊はベガ町に到着し、豪雨のなか、バルゴ港に向かい、前進方向を転換しつつあった。戦闘陣形は戦車大隊（二個中隊基幹、戦車一九両）を先頭に、その後方に、砲兵中隊（自走中砲六門）、両側に歩兵中隊を配置した弾丸型をとっていた。

豪雨のため視界が落ち、各車両間隔は五〇m以下となっていた。三鷹大佐は嵐少佐の位置に進出し、ともに戦車大隊の後方を前進していた。第二・三歩兵大隊の戦闘指導については副連隊長の橋中佐にまかせていた。

ベガ町から北東に、前進方向を転換中に、戦闘団の先導大隊はZ軍の反撃をうけた。第一歩兵大隊は前進を停止し、Z軍の逆襲に対処した。しかし、一時は、分断される状況におちいった。大佐はみずから直接砲兵中隊を指揮し、砲兵の直接照準射撃によって敵戦車を撃破した。

この戦闘間、一弾が大佐の大腿部を貫通した。重傷ではなかったが、止血をうけ担架の上の身になった。「オレの負傷を報告するな！」と三鷹大佐が怒鳴ったが、衛生記録のコンピュータ通信が、負傷を本国につたえてしまった。このころ、第二・三歩兵大隊もジェミニ丘陵を突破し、第一歩兵大隊の左翼に並行して、バルゴ港に向かい進撃の態勢をとりつつあった。

南部戦線では、多国籍軍がZ軍の攻勢に大打撃をあたえて、阻止した。中西部海岸正面の中央部、南部でもＬＱ国軍がZ軍を圧迫していた。三鷹戦闘団はZ軍を海の中に追い落とす態勢をとりつつあった。

ことここにいたり、Z軍は、停戦を国連のなかで提案した。じつはZ国内において、戦争のためにかせられた重税が原因で、内戦が発生するおそれが出はじめていたのだ。多国籍軍指揮官は徹底的なZ軍の撃破を主張したが、それぞれの参戦国の思惑は、微妙にちがっていた。

三鷹戦闘団がバルゴ港にせまったとき、X国本国から、「前進を一時停止せよ」との命令が到着した。三鷹大佐はやむなく、進撃停止を命令した。X国はここで徹底的な勝利によって、その後のX―Z国関係の無味乾燥な対立を残したくなかったのであろう。それと同時に負傷を口実に三鷹大佐の帰国を打診してきた。

後任には、元Z国武官の久保大佐を考慮していることをつたえてきた。三鷹大佐は即座に断った。彼は、平時の官僚的軍人であって、権力闘争、政治的策動はたくみであるが、野戦指揮官としては不適であると評価していたからである。

X国国防省も、現地指揮官の反対にあって、人事のゴリ押しにちゅうちょしたらしい。そして、出た結論は妥協の産物であった。それは、三鷹大佐を引きつづき国連多国籍軍派遣指揮官の職にとどめて一時的に入院加療させ、橘中佐に指揮官代理をさせるという方法であった。

仮想島〝Q島〟とは何だったのか？

この章の想定は、冷戦後に世界が直面している国際環境、各国内世論、安全保障上の諸問題、国連が直面している問題などをおりこんで「想像のQ島動乱」を構成してみた。

戦場の大きさは、戦闘団の規模にくらべて大きすぎると感ずる人がいるかもしれない。しかし、兵器の射程と破壊力の増大、機動力の増大によって戦場における兵士一人あたりの面積は、第四次中東戦争において、すでにラグビー場七面の広さとなっている。兵士の分散率はさらに拡大する方向にあり、その傾向を考慮したものである。

第一場面、北西部海岸における戦闘はノルマンディの上陸作戦に対処したドイツ軍の苦悩を参考とし、「もし、ドイツ軍が局地航空優勢が獲得できていれば」「もし、ヒットラー打倒の策謀がなく、ドイツ軍の司令部が尋常に機能していれば」と考えてみた。

上陸作戦は第二次世界大戦における米軍のイメージを描きがちであるが、今日においてもそのようなイメージがすべてではないことを提示した。

北西部海軍地区から中西部盆地への転進は、相模湾防衛を担当していた部隊が、突然、甲府盆地へ作戦地域を転換されたような距離感覚をつかってみた。乗用車による約一〇〇㎞の移動はたやすいが、戦闘団の転進は、大変な仕事である。戦闘部隊の機動はともかく、兵站部隊の支援正面の転換は容易ではない。

国連多国籍軍に参加する場合、作戦地域の突然の変更は、政府が関与することになろう。しかし、戦場は、そんなにのんびりしたものではない。「兵は拙速《せっそく》を尊ぶ」だ。政治家、官僚の思考からすれば「手つづき」が重要であるが、軍人の思考では迅速な勝利こそ、最も損害がすくない方法であり、「兵士の生命」が重要なのだ。このあたりの微妙な問題を提起してみた。

中西部盆地における戦闘は、ナポレオンのワーテルロー会戦とモントゴメリーとアイゼンハワーにはさまれたアフリカ北部チュニジアのドイツ軍、さらに第四次中東戦争をまぜあわせて、戦況をつくってみた。だから、この部分が最も長くなった。

そして最後に朝鮮戦争における中共軍の戦術をもってしめくくった。

この間、いつの時代、いずれの国にも存在する軍人のタイプを挿入した。「栄達を追う軍人（官僚主義的軍人）」と「栄光を追う軍人（職人主義的軍人）」である。

もちろん、歴史上の名将たちは後者である。しかし、彼らの生涯はほとんどの場合、悲劇でおわっている。ハンニバル、アレキサンダー、シーザー、ベリサリウス、ナポレオン、ロンメル、パットン、韓信、白起など皆しかりである。

ジェミニ丘陵における戦闘とバルゴ港に向かう戦闘は、アルデンヌの森の突破から、それにつづくドイツ軍の突進をうつし変えた。バルゴ港付近における停止は、ヒットラーの愚かさ加減を再現してみたつもりである。

下士官は、陸軍の足腰である。優秀な下士官を育成している軍隊は強い。なぜ軍隊が強くなるかを説明するために、第5章は結城軍曹の活躍をとおして、理解をえたいと考えた。優秀な下士官を育成する最大の方法は、彼らを信頼し、十分に権限を委譲して平時における訓練の下駄をあずけることである。

おわりに

本書を執筆しないかとの申し出をうけたときは内心驚いた。軍事にまったく関心がない日本の一般的な風潮において、読者数を出版に値するだけえられるのか？と。

執筆が終わっても、その疑問は解けない。文中でものべたように戦術は、物理的戦闘力のみをあつかうのではなく、人間の精神的戦闘力もあつかわなければ理解できない。

コンピュータによる各種のシミュレーションが発達しても、精神要素がからむ戦闘シミュレーションは最もむずかしい。その戦術を、今までなじんだことがない読者に理解をえようとして執筆することは、私にとって不可能に近い挑戦であった。

しかし、戦後六十年、極東の産業地帯として復興したものの、いまだ擬似国家のままの日本を思うとき、戦術に関心を持つ青年たちが、一人でも成長することを願って、疑問に鞭を打ちつつ執筆をつづけた。

もし、本書に興味を持たれる人が多いようであれば、さらに現実の戦闘戦史に近い状況を設定して戦術と戦闘指揮の実際を本書のような形で紹介してみたいと考えている。

現実の戦場における状況は、合理性にまったく欠けている。なぜなら敵も〝情報の四分の三は霧の中〟で決断して行動しているし、味方側も同じく、〝状況はほとんど不明〟の中で行動するからである。当然、普通に行動したことが戦機を生んだり、危機を招いたりする。そのような変化の中で、どんな想像と創造を繰り出すかが勝負の分かれ目になる。数多くの戦闘戦史の中から、このような戦況において勝利を獲得することになる共通的な要素を探ることも、戦術の研鑽の段階であるからだ。そんな機会を摑まえられることを期待したい。

松村　劭

一九九五年八月三日

この作品は、一九九五年九月に文藝春秋より刊行されたものに
加筆、修正した。

著者紹介
松村　劭（まつむら　つとむ）
1934年生まれ。防衛大学校卒業後、陸上幕僚監部情報幕僚、作戦幕僚、陸上自衛隊西部方面総監部防衛部長などを歴任し、1985年、退職。現在、デュピュイ戦略研究所東アジア代表。情報分析・戦略・戦術などを専門領域に、幅広く活躍する。
著書に、『ナポレオン戦争全史』（原書房）、『スイスと日本 国を守るということ』（祥伝社）、『海から見た日本の防衛』『名将たちの指揮と戦略』（以上、ＰＨＰ新書）、『勝つ戦争学』（文春ネスコ）、『戦争学』『新・戦争学』（以上、文春新書）などがある。

ＰＨＰ文庫　戦術と指揮
命令の与え方・集団の動かし方

2006年３月17日　第１版第１刷
2024年２月12日　第１版第20刷

著　者　　松　村　　劭
発行者　　永　田　貴　之
発行所　　株式会社ＰＨＰ研究所
東京本部　〒135-8137 江東区豊洲5-6-52
ビジネス・教養出版部　☎03-3520-9617（編集）
普及部　☎03-3520-9630（販売）
京都本部　〒601-8411 京都市南区西九条北ノ内町11
PHP INTERFACE　https://www.php.co.jp/
制作協力
組　版　　株式会社ＰＨＰエディターズ・グループ
印刷所
製本所　　図書印刷株式会社

　ISBN978-4-569-66596-2

PHP文庫

世界の歴史を変えた

名将たちの決定的戦術

松村 劭 著

アレクサンダー大王のイッススの戦闘やナポレオンのイエナの戦いなど、歴史を変えた名将たちの戦術と指揮をクイズ形式で楽しく学ぶ。

PHP文庫

「世界の神々」がよくわかる本

ゼウス・アポロンからシヴァ、ギルガメシュまで

東　ゆみこ　監修／造事務所　著

ゼウス、オーディン、アポロン、ポセイドン……。ファンタジーの世界をもっと楽しみたい人に贈る世界の神々１０９人を紹介したガイド。

PHP文庫

「天使」と「悪魔」がよくわかる本

ミカエル、ルシファーからティアマト、毘沙門天まで

吉永進一 監修／造事務所 編著

神の意思を人間に伝える使者である「天使」と天界を追い出された堕天使が姿を変えた「悪魔」。その知られざる横顔とエピソードを紹介。

PHP文庫

世界の「神獣・モンスター」がよくわかる本

ドラゴン、ペガサスから鳳凰《ほうおう》、ケルベロスまで

東 ゆみこ 監修／造事務所 編著

ファンタジー小説やテレビゲームでは欠かすことのできない「神獣とモンスター」。その横顔とエピソードを美麗なイラストとともに紹介！

PHP文庫

日本と世界の

「幽霊・妖怪」がよくわかる本

多田克己 監修／造事務所 編著

一つ目小僧、お菊さん、キョンシー……。世界各地の幽霊伝説と日本古来から伝わる妖怪のエピソードを、リアルなイラストと共に紹介。

PHP文庫

伝説の「武器・防具」がよくわかる本

聖剣エクスカリバー、妖刀村正からイージスの盾まで

佐藤俊之 監修／造事務所 編著

最高神オーディンの槍グングニルやアーサー王の聖剣エクスカリバー等、神話やファンタジーに登場する武器・防具をイラストと共に紹介。

PHP文庫

ヨーロッパの「王室」がよくわかる本

王朝の興亡、華麗なる系譜から玉座の行方まで

川原崎剛雄　監修／造事務所　編著

「大英帝国」への軌跡をたどるイギリス王室、革命の火に晒されたフランス王室等、世界史に大きな影響を与えたヨーロッパの王室を詳説。

PHP文庫

伝説の「魔法」と「アイテム」がよくわかる本

佐藤俊之　監修／造事務所　編著

大好評『世界の神々』シリーズ第8弾。神々や英雄を助け、物語の行方を左右する「魔法」と「アイテム」。その恐るべき効力を大紹介！

PHP文庫

「戦国武将」がよくわかる本

株式会社レッカ社 編著

伊達政宗、長宗我部元親、真田幸村……。今人気の戦国武将の横顔とエピソードをふんだんに盛り込んだ、戦国初心者のための武将ガイド。

PHP文庫

「世界の秘密結社」がよくわかる本

桐生 操 監修／株式会社レッカ社 編著

政治結社からオカルト的要素の強い団体まで、ベールに包まれた謎の集団・秘密結社。歴史・経済に影響を与えた86組織の実体に迫る！

PHP文庫

「クトゥルフ神話」がよくわかる本

佐藤俊之 監修／株式会社レッカ社 編著

アメリカ幻想文学のカリスマ・ラヴクラフトが生み出した「クトゥルフ神話」。架空の神話体系の全貌をわかりやすく解き明かす入門書。